复合锚固桩
承载特性与工程应用

姜春林　著

化学工业出版社
·北京·

内容简介

《复合锚固桩承载特性与工程应用》阐述了复合锚固桩的概念与应用。本书基于数值积分原理提出了“一致剪切刚度矩阵”的概念，对复合锚固桩与普通微型桩进行了对比计算，证明了在相同情况下分散式加载可明显减少桩的沉降，由于剪应力沿桩身分布均匀，可充分发挥整个桩长范围内的承载力；对荷载传递函数进行了修正，将其应用到群桩分析中，建立了考虑加筋效应的群桩相互作用模型，分析结果表明分散加载的方式能够有效降低相互作用系数；研究了复合锚固桩在边坡工程中的应用问题，分析了单桩的受力情况、分段锚固的锚固力增强和桩间土拱的微观机制，确定了在边坡工程中复合锚固桩抗滑力的来源及其发挥机制和影响因素，明确了复合锚固桩在实际工程中的承载机理。

本书可供从事基础加固和边坡防护等项目的工程技术人员在类似工程项目中的设计和施工工作中参考，也可供土木工程、城市地下空间工程等专业学生学习参考。

图书在版编目（CIP）数据

复合锚固桩承载特性与工程应用/姜春林著.—北京：化学工业出版社，2022.6

ISBN 978-7-122-41430-4

Ⅰ.①复… Ⅱ.①姜… Ⅲ.①锚固-桩承载力-研究 Ⅳ.①TU473.1

中国版本图书馆CIP数据核字（2022）第082199号

责任编辑：刘丽菲　　装帧设计：张　辉
责任校对：刘曦阳

出版发行：化学工业出版社（北京市东城区青年湖南街13号　邮政编码100011）
印　　装：北京科印技术咨询服务有限公司数码印刷分部
710mm×1000mm　1/16　印张11　字数185千字　2022年6月北京第1版第1次印刷

购书咨询：010-64518888　　售后服务：010-64518899
网　　址：http://www.cip.com.cn
凡购买本书，如有缺损质量问题，本社销售中心负责调换。

定　　价：69.00元

前言

桩基础是具有悠久应用历史的基础形式，通过桩与土的相互作用，将上部荷载传递到较深层的土体中去，具有承载力强、沉降量小、抗震性能好、可靠性高以及可用于特殊土地基等优点。在各种桩型中，直径300mm以下的微型桩由于对施工机具要求低、可使用小型化机械，因而具备更好的场地适应性，易于操作和移动，对场地空间条件要求低，施工速度快、噪声小、桩型布置灵活，从而获得了广泛的应用。

但实际中，由于土体的压缩，桩体并不能在承受荷载后将其分配到整个桩长范围，会在顶部出现严重的应力集中现象。微型桩由于长细比普遍较大，这一不利现象更加显著，使得桩长范围内土体的承载力无法得到充分发挥，对微型桩项目的安全性、经济性都是一个无法忽视的负面影响。

“复合锚固桩”即是为克服这一缺陷，根据复合锚固原理，运用单孔多段分别锚固技术将桩顶荷载分别传递到不同深度的土层因而得以充分发挥桩长范围内土体承载力的新桩型，已在多个工程中成功施作并取得了良好的经济效益，但其分段锚固的工作机理相对复杂，其承载特性方面的研究较少，设计与施工中仍有较大随意性，为推广相关技术，有必要进一步深化相关研究。

本书结合弹性理论和荷载传递法，对桩土界面荷载传递函数进行了修正，使其能够应用于复合锚固桩群桩分析；在此基础上建立了考虑加筋效应的群桩非线性分析方法并证明其有效性。同时，通过数值模拟分析给出了复合锚固桩极限承载力的估算方法；阐明复合锚固桩边坡加固土拱效应的发挥机制，并对复合锚固桩的沉降特性、加固作用、抗滑作用等研究成果进行了系统的总结分析，所得的相关结论可以作为今后类似项目的设计指导，也可作为现场施工人员、设计人员以及广大土木工程、城市地下空间工程专业学生的参考书籍。

全书共7章，由山东交通学院姜春林执笔，限于作者自身水平所限，书中缺陷和错误之处在所难免，恳请广大读者批评指正。

著者

2022年3月

目　录

第 1 章　绪论

第 2 章　单桩承载理论

第 3 章　复合锚固桩承载特性

第 4 章　复合锚固桩单桩极限承载力

第 5 章　复合锚固桩群桩特性

第 6 章　复合锚固桩边坡加固应用研究

第7章 复合锚固桩工程应用实例

附录

第1章

绪　论

1.1　复合锚固桩

桩基础是一种历史悠久的基础形式，史前人类的生产活动中就已经使用了木桩结构。而作为桩基础中的一类特殊桩型，微型桩（micropile）在 20 世纪 50 年代由意大利的 Lizzi 提出，最初用于历史性建筑物和纪念碑的加固，后来逐步推广到整个欧洲和北美洲。

微型桩是桩基础的一种特殊类型，直径通常在 300mm 以下，长径比较大，采用钻孔、压力注浆工艺施工，通常应用于地基基础加固工程以及滑坡原位加固工程，相对于普通桩具有以下明显的优势：承受动载时的高柔度表现，具有良好的抗震性，可用于任何土壤及地基环境，施工机具简单易操作，对施工环境的要求低，净空高度 3.5m 的情况下亦可正常施工；孔径小，施工过程中引起的地基及原建筑物应力重分布程度较小，对原建筑物影响低；与同体积灌注桩相比，微型桩的承载力更高；可使用地质钻机进行钻孔，施工的噪声较小等。目前微型桩已经在国内外的大量基础托换、建筑物加固、挡土结构、边坡支护等工程中得到了应用。

由于桩-土界面的作用机理，普通的微型桩承受荷载时不能将荷载均匀分布于桩体整个长度上，会出现严重的应力集中现象，多数情况下随着桩体承受荷载的增大，在荷载传至固定长度最远端之前，锚固体与注浆体或注浆体与岩土接触面上会发生黏结效应逐步弱化或脱开的现象，这是与黏结应力沿桩体分布不均匀紧密相关的。

本书所研究的复合锚固桩是在复合锚杆技术和分段锚固技术基础上衍生而来的新型微型桩，将现代锚固理论与微型桩理论相结合，兼具两者优点，不但拥有微型桩的特性，而且克服了普通微型桩在承载特性上的缺陷，能够取得更好的加固效果，但其本身复杂的工作原理决定了其承载行为较普通的微型桩更加复杂，目前复合锚固桩已经在诸多基础加固和边坡防护工程中得到应用。

1.2　单桩承载力计算方法

(1) 弹性理论法

1963 年 D'Appolonia 等[1] 用 Mindlin 解完整地研究了桩基础的沉降问题，并对下卧层是基岩的情况进行了修正。随后 Thurman、Salas、Belzunce、Nair

等均对单桩在竖向荷载下用弹性方法研究了桩-土相互作用问题。在前人工作的基础上，Poulos 和 Davis（1968）[2] 提出了刚性桩弹性理论解法，Mattes 和 Poulos（1969）[3] 将桩身基本微分方程用差分形式表示，从而将弹性半空间刚性桩推广至可压缩性桩。

弹性理论法包含以下基本假定：

① 地基土是弹性、均匀、连续、各向同性的半无限体。弹性常数和泊松比不受桩的插入而变化。

② 假定打入桩后，桩内不存在残余应力。

③ 假定桩-土之间无相对滑动，桩-土位移协调，桩周边粗糙而桩底平滑，桩身任一点的位移利用半无限弹性体中集中力的 Mindlin（1936）[4] 解给出，并只考虑桩在竖向荷载下的竖向变形。

④ 分析时把桩身及桩周土分为若干小段，每段以荷载代替。

由桩体位移和土体位移相协调建立静力平衡方程，以此求得桩体位移和桩身应力。

弹性理论法的特点是考虑了土的连续性，当土体为均质且各向同性时，能进行比较精确的分析，但由于实际地基土的成层非均匀性和各向异性，该法的适用性受到限制，为考虑土体的非均质性和各向异性的影响，不少学者在弹性理论法的基础上，提出了各种修正方法。

Poulos（1979）[5] 认为，土体的非均质性不影响土体在荷载作用下的应力，求解位移解时，变形模量采用位移求解点与荷载作用点之间变形模量的平均值。Banerjee 和 Davis（1987）[6] 经试算，提出将土层分为两层变形模量不变的土层，并将其应用于边界元。艾智勇等（2001）[7] 利用 Hankel 积分导出了层状地基中的 Mindlin 解，从而使位移影响系数能够计及地基的分层特征，并将其应用于轴向荷载作用下分层地基中单桩的分析。Geddes（1966）[8] 根据半无限弹性体内作用集中力的应力解答，将桩顶荷载分解为三种形式：桩端阻力、沿深度矩形分布的桩侧摩阻力、沿深度三角形分布的桩侧摩阻力，则土中任一点的附加应力可通过这三种应力作用叠加求得。高洪波等（2004）[9] 利用位移协调法结合柔性桩的弹性压缩，求得桩端及桩侧荷载分担系数，根据常规桩几何条件，将其局部按初等函数幂级数展开，简化计算位移影响系数及单桩沉降，可分别用于天然地基和桩基础的变形计算。

（2）剪切位移法

剪切位移法最初是由 Cooke（1974）[10] 在试验和理论分析的基础上建立起

来的，用于分析均质弹性地基中刚性的纯摩擦桩的性状。Randolph 和 Worgh (1978)[11] 推导了基于 Cooke 假设获得可压缩桩的单桩解析解。剪切位移法假定桩产生竖向位移时，桩侧摩阻力通过环形单元向四周传递，桩侧周围土体的变形可视为同心的圆柱体，即单桩作用下周围土只发生剪切变形，可近似按一维问题处理，而桩端位移按刚性圆板下的无限弹性地基计算。Chow[12] 将 Kraft 的结论用于群桩分析。Lee[13] 进一步将 Chow 方法用于桩端土层与桩侧不一致的非均质土分析中。

杨嵘昌、宰金珉 (1994)[14] 将剪切位移法推广到塑性阶段，得到了桩侧土剪应力与剪应变双曲关系和分段线性关系下桩的位移解析解。杨敏等 (2006)[15] 将 Randolph 剪切位移方法中桩身位移与桩端位移的函数关系简化为一多项式，并与 Poulos 积分方程中土体柔度系数矩阵相结合，提出了一种竖向受荷单桩弹性分析的改进计算方法，从而避免了 Poulos 积分方程法中的差分运算以及由此带来的其他矩阵运算，同时比 Randolph 方法更能准确模拟桩身剪切应力的分布，并将单桩的改进计算方法应用于群桩分析。

(3) 荷载传递法

Seed 和 Reese (1955)[16] 建议根据试验结果直接推定 p-s 之间的非线性关系，并称之为传递函数。Coyle 和 Sulaiman (1967)[17] 通过现场试验和室内试验，确定了砂土中桩侧剪应力和位移之间的关系，即所谓的 t-z 曲线。国内 20 世纪 90 年代殷宗泽等[18] 进行了大量试验，否定了接触面上剪应力与相对错动位移间的双曲线渐变关系，提出了刚-塑性变形的观点，在此基础上提出了一种有厚度的接触面单元模型。胡黎明等 (2001)[19] 也进行了砂土与结构物的接触试验，考虑各因素对接触面应力应变的影响。

在这些试验结果及理论分析的基础上，目前提出了多种传递函数模型。最简单的传递函数由 Randolph 剪切位移理论导出单桩桩侧剪应力与位移之间呈线性关系：

$$\tau_0=\frac{G}{r_0\ln(r_m/r_0)}s \tag{1-1}$$

曹汉志 (1986)[20] 从华南地区大量实测资料中发现桩侧荷载传递曲线基本上为非线性弹性-塑性类型，桩端则为非线性弹性-硬化类型，因此他提出了双折线模型（图 1-1）。

陈明中 (2000)[21] 从实测资料出发，认为桩侧桩端荷载传递曲线可以分为两段，前一段为非线性弹性曲线，后一段为直线，表示桩-土之间发生滑移后的

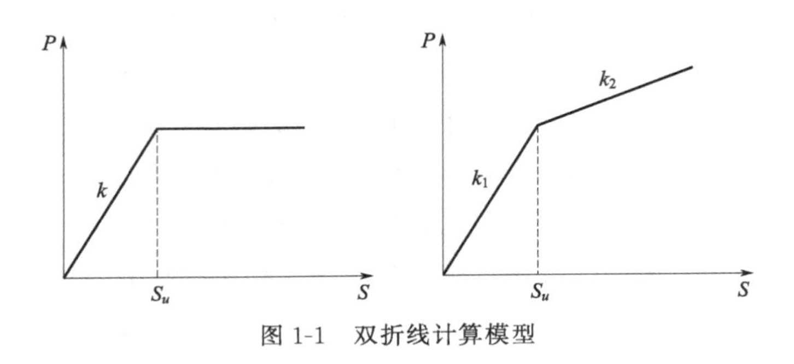

图 1-1 双折线计算模型

性状，指出三折线模型（图 1-2）比双折线模型具有更高的计算精度。

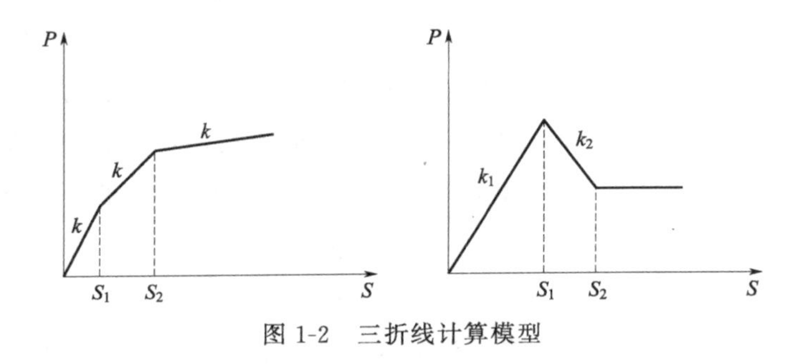

图 1-2 三折线计算模型

刘杰等（2003）[22] 根据土体在应力-应变关系曲线上有明显的峰值，峰值后应力随变形增大而降低，即出现应变软化的现象，提出荷载传递函数三折线软化模型。

在确定了传递函数模型以后，桩的位移沉降分析可以采用不同的方法。当传递函数模型比较简单时，可采用解析的方法进行求解。而对于复杂的传递函数模型，则需要进行数值迭代计算。迭代计算方法主要有位移协调法及矩阵位移法。

(1) 位移协调法

位移协调法是利用实测得到的桩侧阻力与位移值的关系曲线（即荷载传递函数）来分析桩的荷载传递规律，以此进行沉降计算。其基本原理是将桩划分成许多弹性单元，每一单元与土体之间用非线性簧联系以模拟桩-土间的荷载传递关系，利用实测的传递函数曲线、根据各桩单元的静力平衡条件和位移协调原则反复试算，求得桩身不同深度的轴力、桩侧阻力以及桩顶沉降量。

曹汉志（1986）[20] 提出桩尖位移等值法，即先假定一个桩顶荷载增量，通过迭代得到位移增量。袁建新和钟晓雄（1991）[23] 提出荷载传递比的概念，来代替迭代步骤中桩侧剪应力的计算，并对线性和双曲线模型的传递函数进行了计算。

牛腾飞和任慧韬（2002）[24] 将逐步迭代的位移协调法转化为一非线性方程组进行求解。计算中桩周土的剪力-位移关系采用双曲线模型。桩端阻力分为线性和双曲线两个阶段进行计算。

宋炎和张春（2007）[25] 采用双曲线模型来反映桩侧和桩端的荷载传递情况，并采用混凝土的 Rusch 模型考虑高荷载下桩的非线性。计算中，桩的位移考虑桩侧摩阻力在桩端处产生位移的修正量。

（2）矩阵位移法

矩阵位移法实质上是杆系有限元法，其基本思路是将桩离散化，建立桩身轴力和位移的关系，然后用迭代法求解。其基本计算式为：

$$([K_p]+[K_s])\{s\}=\{Q\} \tag{1-2}$$

式中，$[K_p]$为桩的刚度矩阵；$[K_s]$为桩-土界面上由剪应力形成的刚度矩阵；$\{s\}$为桩身各节点位移列向量；$\{Q\}$为外荷载列向量。

矩阵位移法可适用于各种理论传递函数模型，且有成熟的非线性方程组解法可以利用，如 Newton-Raphson 法、修正 Newton-Raphson 法等。同时可根据土层特点，将桩单元的长度进行不等长划分，且对边界条件容易处理而无须引入额外的条件。

1.3 群桩承载力确定方法

根据解决问题的出发点不同以及分析问题的繁简程度，群桩的沉降分析方法可以分为三大类，即经验公式法、理论分析法、数值分析法。

1.3.1 经验公式法

Meyerhof（1959）[26]、佐滕悟（1965）[27] 和 Skempton（1955）[28] 先后建立了砂土中群桩沉降与单桩沉降之比的纯经验关系式。Briaud 和 Tucker（1988）总结了单桩的工程实践经验，统计出在特定地质条件和设计荷载下单桩沉降与桩径的经验关系。

对于群桩的沉降，Meyerhof[29] 基于静力触探以及标贯试验数据给出了桩群沉降可以由下式预估：

$$s_{\mathrm{pg}}=\frac{\eta p\sqrt{B}}{N} \tag{1-3}$$

式中，B 为桩群的宽度；p 为基底附加压力；N 为压缩层范围内的标准贯入阻力的平均值；s_{pg} 为群桩的沉降；η 为系数，均质砂土取 2，均质粉质砂土取 4。

另一类通过经验方法如桩基原位观测或室内模型试验，建立群桩沉降比（群桩的沉降除以在群桩中各桩平均荷载作用下孤立单桩沉降得到的比值）与群桩的几何特征量之间的经验公式，只要从现场单桩试验得到了荷载-沉降曲线，就可以根据沉降比和单桩沉降求出群桩沉降，如代表性的 Skempton 按群桩基础宽度的大小来估计沉降比计算公式：

$$\frac{s_{pg}}{s_p}=\left(\frac{4B+2.7}{B+3.6}\right)^2 \tag{1-4}$$

式中，B 为群桩的宽度；s_{pg} 为群桩的沉降；s_p 为单桩的沉降。

Meyerhof 建议按下式估算方形群桩的沉降比：

$$\frac{s_{pg}}{s_p}=\frac{\bar{s}_0(5-\bar{s}_0)}{(1+r)^2} \tag{1-5}$$

式中，s_{pg} 为群桩的沉降；s_p 为单桩的沉降；$\bar{s}_0$ 为桩间距与桩径的比值；r 为方形群桩的行数。

1.3.2 理论分析法

（1）等代墩基法

目前大多数规范如《建筑桩基技术规范》采用等代墩基分层总和法或其修正方法来计算桩基础尤其是群桩基础的沉降，等代墩基分层总和法是将承台下群桩和桩间土视为一个实体深基础，在此等代墩基范围内，桩间土不发生压缩变形，如同实体墩基一样工作，然后用分层总和法计算桩尖以下土体的沉降。

（2）弹性理论法

如果假定 Mindlin 位移解在群桩的情况下仍旧适用，则弹性理论法可以被推广至群桩的相互作用分析中。在单桩计算结果的基础上，运用弹性理论叠加原理，将弹性介质两根桩的计算结果按相互作用系数方法扩展至群桩。陈云敏等(2001)[30] 提出了一种考虑土-桩-筏相互作用的桩筏基础简化分析法。将群桩中每根桩的桩顶沉降分成桩身压缩和桩端沉降分别计算，桩身压缩由单桩静荷载试验或其他方法估算，桩端沉降根据分层总和法计算，将桩简化成弹簧作用在筏板下。

（3）剪切位移法

剪切位移法的优点是在竖向引入一个变化矩阵，可方便考虑层状地基的性

状，均质土不需对桩身模型进行离散，分析群桩时不依赖于许多共同作用系数，便于计算。Mylonakis 和 Gazetas[31] 基于 Randolph 和 Wroth 提出的剪切位移模式，考虑相邻桩的存在对地基变形的影响，张保良等基于荷载传递法、忽略桩端阻力的影响，形成桩-土-筏相互作用的分析方法。

赵明华等[32] 假定桩侧土剪应力与剪应变的弹塑性关系，应用剪切位移法分别导出弹性阶段及弹塑性阶段的桩顶荷载与桩顶位移的显式关系式。吴鹏、龚维明等[33] 假定桩周摩阻力与桩-土相对位移之间为双曲线关系，建立了群桩分析的迭代计算方法。

(4) 荷载传递法

传递函数建立了桩侧一点的土阻力与桩身位移的关系，没有对离开桩侧一定距离的土将产生多少影响进行计算，因而无法直接用于群桩计算。但荷载传递法可以考虑 p-s 之间的非线性关系是其突出的优点。因此，可将荷载传递法与其他方法联合起来，即可得到考虑桩-土界面间剪应力和位移的非线性关系，同时，又可考虑桩-桩和桩-土的相互作用。

1.4 桩-土相互作用的数值方法

桩-土相互作用问题属于固体力学中不同介质的接触问题，表现为材料非线性（混凝土、土为非线性材料）、接触非线性（桩-土接触面在复杂受荷条件下有黏结、滑移、张开、闭合）等，是典型的非线性问题。由于问题的复杂性，解析的方法不可能完全反映实际情况，所以许多学者致力于用数值计算方法来研究桩-土相互作用问题。成熟的数值分析方法主要有有限元法、边界元法、有限差分法及耦合分析方法等。

(1) 有限元法

有限元法的基本思想是将连续的求解区域离散为一组有限个且按一定方式相互联结在一起的单元的组合体，根据单元的应力-应变关系建立单元刚度矩阵，然后组成总刚度矩阵，从而形成结点力与位移之间矩阵形式的方程，对方程求解就可以得到桩和土的内力和变形。有限元可以模拟复杂边界条件和复杂几何形状的线性和非线性问题，是数值计算中比较成熟的一种方法。

近二三十年来，国际市场上逐渐出现了多个成熟的商业有限元软件。其中，以 Ansys、Sap、Abaqus、Adina 等为代表的有限元软件在我国岩土工程界应用较为广泛。

(2) 边界元法

边界元法亦称积分方程法，也是数值方法的一种，该法只需对桩-土界面进行离散，在接触面上仍采用弹性理论模拟土的性状，建立桩-土节点的位移协调关系和静力平衡关系，即把区域问题转化为边界问题求解的一种离散方法。许多研究者都将这种方法应用于桩基沉降分析之中，但由于边界元法是建立在弹性理论分析的前提之上的，因此它与弹性理论解一样很难直接应用于非均质土中。

(3) 有限差分法

有限差分法的基本思想是用差分网格离散求解区域，用差分方程将科学问题的控制方程（常微分方程或偏微分方程）转化为差分方程，然后结合初始以及边界条件求解代数方程组。有限差分法是最早被应用在工程科学分析的数值方法。

采用有限差分法无须形成总体刚度矩阵，因此，对于机器内存要求很小，可以在小型计算机上完成大模型的计算。美国 ITASCA 公司开发出的 $FLAC^{2D}$ 和 $FLAC^{3D}$（Fast Lagrangian Analysis of Continua，连续介质快速拉格朗日分析）是采用有限差分理论编写的软件，主要适用于地质和岩土工程的力学分析。

(4) 耦合分析方法

有限元需要采用有限的区域来模拟半无限土体的问题，由此带来人工边界的问题。同时，当计算区域较大时，有限元模型的规模很大，计算时间过长。而边界元、无限元对于无限边界的处理比较方便，且计算规模小，因此，可结合不同方法的优点将有限元与边界元、无限元等方法结合起来求解桩-土相互作用问题，是一种非常有效的方法。

数值方法直观、清晰，能够模拟土体的非线性、不均匀性和桩-土之间的相互作用，是未来岩土工程分析的主流发展趋势，但是也存在自身的不足，建模烦琐、计算耗时是一个显著的缺点，而对于模型中单元的参数选取也是非常重要的问题，差之毫厘谬以千里，由不合理的参数也只能得到毫无意义的模拟结果。

1.5 微型桩研究现状

微型桩由于具有强大的工程适应性以及优良的承载能力和抗震性能，在国内外的工程应用都有增加的趋势。但是关于微型桩承载性状的系统研究比较少。国内学者如吕凡任、孙剑平、程华龙等对微型桩的承载力做过一些原型试验，康宪权等则对预制微型静压方形桩的竖向承载力进行了相关研究；美国联邦公路局（FHWA）对钢管型微型桩进行了专题研究[34]，对钢管型微型桩的结构构成、

设计流程进行了比较详细的阐述，随后 Misra 与 Chen[35] 合作对微型桩的桩-土界面、荷载-位移曲线进行了比较深入的研究。

我国现有的规范中无论是《建筑地基处理技术规范》(JGJ 79—2012) 还是《建筑桩基技术规范》(JGJ 94—2008) 均未有微型桩承载力的估算公式。因此在设计中，一般工程技术人员为安全起见常按普通钢筋混凝土灌注桩的承载力经验公式来估算微型桩的单桩承载力。但微型桩一般是采用压力灌浆的方式灌注水泥砂浆或水泥浆而成，一部分浆液渗入桩周土体使得桩与桩周土体结合更加紧密(特别是对于粗颗粒土)。因此桩侧阻力及桩端阻力均比普通钢筋混凝土灌注桩要大得多。表 1-1 为孙建平等[36] 得出的某一实际工程中微型桩极限竖向承载力实测值与按普通灌注桩而做的估算值的比较结果。

表 1-1 微型桩单桩竖向极限承载力实测值与估算值比较

编号	桩长/m	桩径/mm	桩周土	桩端土	注浆压力/MPa	注浆比	承载力实测值/kN	计算值/kN	实测值/计算值
1	4.7	140	密实砂土	砂土	二次注浆	2.5～3.5	415	137	3.03
2	11	220	粉质黏土	强风化岩	0.4	2.1～2.7	648	279	1.71
3	7	220	粉质黏土	粉质黏土	0.4	1.9～2.4	314	209	1.5
4	12	220	填土、细砂	密实中砂	0.4	1.7～2.6	528	321	1.64
5	11	220	黄土状粉质黏土	粉质黏土	0.4	1.6～1.9	209	150	1.39
6	7	220	膨胀土	中砂	0.4	1.7～2.2	327	200	1.64
7	12	150	填土	风化岩	0.4	2.7～3.2	290	140	2.08

可以看出微型桩承载力的实测值与按普通灌注桩而做的估算值相差很大，以此作为承载力设计值过于保守，因此文献作者提出，微型桩的承载力可以通过经过修正的普通桩基础规范提供的估算公式来进行判断：

$$R_{\mathrm{k}}=K_{\mathrm{s}}u\sum_{i=1}^{n}q_{\mathrm{s}}l_{i}+K_{\mathrm{p}}q_{\mathrm{p}}A_{\mathrm{p}} \tag{1-6}$$

式中，K_{s}、K_{p} 分别为微型桩桩侧摩阻力及端阻力修正系数。

对于黏性土、粉土，$K_{\mathrm{s}}=K_{\mathrm{p}}=1.15\sim1.20$；对于砂土，$K_{\mathrm{s}}=K_{\mathrm{p}}=1.20\sim1.30$；对于碎石土，$K_{\mathrm{s}}=K_{\mathrm{p}}=1.25\sim1.35$。

根据上式所估算出的微型桩极限承载力与实测极限值的比值比未修正前缩小了总体的 20%左右。

我国香港地区的“迷你桩设计理论”对套管型微型桩（外部为内径不超过300mm 的铁套管，内设钢筋起承重作用，中间填充水泥浆）认为单桩的安全承载力应为以下三者中较小者：

$$R=\min\{R_1, R_2, R_3\} \tag{1-7}$$

式(1-7) 中，R_1 为基岩与水泥浆的设计结合强度乘以嵌入岩体设计长度及周长：

$$R_1=ulf_{rg} \tag{1-8}$$

式中，u 为嵌入体的周长；l 为嵌入体的长度；f_{rg} 为基岩与水泥浆的设计结合强度。

R_2 为钢筋与水泥的设计结合强度乘以钢筋的有效周长及嵌入岩体设计长度：

$$R_2=nu_s lf_{sg} \tag{1-9}$$

式中，u_s 为嵌入岩体部分钢筋的周长；l 为嵌入岩体部分钢筋的长度；n 为钢筋数；f_{sg} 为钢筋与水泥的设计结合强度。

R_3 为在桩的设计中钢筋的允许承载力：

$$R_3=nAf_s \tag{1-10}$$

式中，f_s 为钢筋设计抗压强度；n 为钢筋数；A 为钢筋截面积。

在香港的实际工程设计中，一般来讲单桩的理论安全荷载不应该超过2950kN，此安全荷载包括未经群桩效应修正之前的附加荷载，建筑物重量及负摩擦力，土体、桩帽及桩体重量等，永久性套管及浆的强度、桩体的端承力不予考虑。

对于微型桩的群桩效应研究，相关的文献较少，魏鉴栋等[37] 对软土地基上微型桩原型进行了单桩和群桩的拉拔试验，计算了群桩抗压效率和抗拔效率，对两组群桩（G1、G2）进行了抗拉拔试验，分别得到了0.88、0.98的抗压效率系数和0.93、0.84的抗拔效率系数，可见微型桩的群桩效应比较不明显。另据国外文献报告[38]，土体中的微型桩群桩网络存在“根节效应”（knot effect），此时的群桩效应为正向的，主要是由于其施工过程中采用了压力注浆，桩间注浆改性土体的强化以及微型桩的土体加筋效应共同限制了土体位移，从而增大了土体的有效应力水平，可以增加群桩的承载力，特别是对粒状土效果比黏性土更加明显。

参 考 文 献

[1] D'Appolonia E, Romualdi J P. Load transfer in end-bearing steeling h-piles [J]. Journal of soil Mechanics and Foundations Div ASCE, 1963, SM2: 1-25.

[2] Poulos H G, Davis E H. The Settlement behavior of single axially-loaded incompressible pile and piers [J]. Geotechnique, 1968, 18 (3): 351-371.

[3] Mattes N S, Poulos H G. Settlement of single compressible pile [J] . Journal of the mechanics and foundations division (ASCE), 1969, 95 (1): 189-247.

[4] Mindlin R D. Force at a point in the interior of a semi-infinite solid [J] . Physics, 1936, 7: 195-202.

[5] Poulos H G. Settlement of single piles in nonhomogenuous Soil [J] . Geotech Engng ASCE, 1979, 105: 627-641.

[6] Banerjee P K, Davies T G. Analysis of some reported case histories of laterally loaded pile groups [J]. Proc Analyt Mech Geomech, 1987, 11: 621-638.

[7] 艾智勇，杨敏．广义 Mindlin 解在多层地基单桩分析中的应用 [J] ．土木工程学报，2001，34 (4)：89-95.

[8] Geddes J D. Stresses in Foundation Soils Due to Vertical Subsurface Load [J] . Geotechnique, 1966, 16: 231-255.

[9] 高洪波，王述超．简化弹性理论法求解单桩沉降 [J] ．山西建筑，2004，30 (19)：63-65.

[10] Cooke R W. The settlement of friction pile foundation [A] . Proc conf on Tall Building, Kuala LumPer, 1974.

[11] Randolph M F, Worth C P. Analysis of deformation of vertieally loaded Piles [J] . Journal of Geotechnical Engineering Division ASCE, 1978, 104 (GT12): 1465-1488.

[12] Chow Y K. Diserete element analysis of settlement of pile groups [J] . Computers and structures, 1986, 24 (l): 157-166.

[13] Lee C Y. Diserete layer analysis of axially loaded piles and pile groups [J] . Computers and Geotechnics, 1991, 11: 295-313.

[14] 杨嵘昌，宰金珉．广义剪切位移法分析桩-土-承台非线性共同作用原理 [J] ．岩土工程学报，1994，16 (6)：103-116.

[15] 王伟，杨敏．竖向荷载下桩基础弹性分析的改进计算方法 [J] ．岩土力学，2006，27 (8)：1403-1406.

[16] Seed H B, Reese L C. The action of soft clay along friction piles [J] . Trans ASCE, 1955 (22): 731-746.

[17] Coyle H M, Sulaiman I H. Skin friction for steel piles in sand [J] . Journal of the Soil Mechanics and Foundations Division, ASCE, 1967, 93 (SM6): 261-278.

[18] 殷宗泽，许国华．土与结构材料接触面的变形及其数学模拟 [J] ．岩土工程学报，1994，16 (3)：14-22.

[19] 胡黎明，濮家骝．土与结构物接触面物理力学特性试验研究 [J] ．岩土工程学报，2001，23 (4)：431-435.

[20] 曹汉志．桩的轴向荷载传递及荷载-沉降曲线的数值计算方法 [J] ．岩土工程学报，1986，8 (6)：37-48.

[21] 陈明中．群桩沉降计算理论及桩筏基础优化设计研究 [D] ．杭州：浙江大学，2000.

[22] 刘杰，张可能，肖宏彬．考虑桩侧土体软化时单桩荷载-沉降关系的解析算法 [J] ．中国公路学报，2003，16 (2)：61-64.

[23] 袁建新，钟晓雄．桩荷载与变位的数值模拟分析 [J]．岩土力学，1991，12 (1)：1-8.

[24] 牛腾飞，任慧韬．剪切位移传递法确定单桩承载力 [J]．西部探矿工程，2002 (2)：22-25.

[25] 宋炎，张春．竖向荷载作用下桩基荷载传递计算方法 [J]．中国港湾建设，2007 (6)：7-10.

[26] Meyerhof G G. Compaction of sands and bearing capacity of piles [J] JSMFD. ASCE，1959，85 (SM6)：1-30.

[27] 佐滕悟．基桩承载力机理 [J]．土木技术，1965，20 (1)：1-5.

[28] Skempton A W，Peck R，MacDonald D H. Settlement analysis of six structures in Chicago and London [J]．Proc Instn Civ Engrs，1955，53：525-544.

[29] Meyerhof G G. Penetration tests and bearing capacity of cohesionless soils [J]．Journal of the Soil Mechanics Division，ASCE，1956，82：1-19.

[30] 陈云敏，陈仁朋．考虑相互作用的桩筏基础简化分析方法 [J]．岩土工程学报，2001，23 (6)：686-691.

[31] Mylonakis G，Gazetas G. Settlement and additional internal forces of grouped piles in layered soil [J]. Geotechnique，1998，48 (1)：55-72.

[32] 赵明华，张玲，杨明辉．基于剪切位移法的刚性桩复合地基沉降计算 [J]．上海交通大学学报，2007，41 (6)：965-968.

[33] 吴鹏，龚维明，梁书亭，等．考虑桩土滑移和整体刚度动态调整的群桩分析方法 [J]．岩土工程学报，2007，29 (2)：225-230.

[34] United States. Federal Highway Administration．Micropile design and construction guidelines [M]. US Dept of Transportation，Federal Highway Administration，Priority Technologies Program，2000.

[35] Misra A，Chen C H．Analytical solution for micropile design under tension and compression [J]. Geotechnical and Geological Engineering，2004，22 (2)：199-225.

[36] 孙剑平，徐向东，张 鑫．微型桩竖向承载力的估算 [J]．施工技术，1999 (9)：20-21.

[37] 魏鉴栋，陈仁朋，陈云敏，等．微型桩抗拔特性原型试验研究 [J]．工程勘察，2006 (08)：14-19.

[38] Kevin J McManus，Guillaume Charton，John P Turner. Effect of Micropiles on Seismic Shear Strain [C]．Geotechnical Special Publication No 124，GeoSupport Conference，2004：134-145.

第2章

单桩承载理论

桩基承载机理包括荷载传递机理、承载力构成与特点、承载力影响因素以及在荷载作用下引起的相应沉降量等因素，本章首先结合竖向荷载下桩-土界面的相互作用机理，采用基于一致剪切刚度矩阵的矩阵位移法对竖向承载的复合锚固桩进行了理论研究和受力计算分析，同时对广义弹性理论法进行了修正，使其具有可应用于群桩基础的可行性。

2.1　基于一致剪切刚度单桩沉降分析的矩阵位移法

2.1.1　桩的位移方程

对于长为 L，截面周长为 U，截面面积为 A 的桩，在桩顶荷载 F 作用下，引起桩周剪应力 F_s 和桩端反力 F_b，则桩的计算简图如图 2-1 所示。

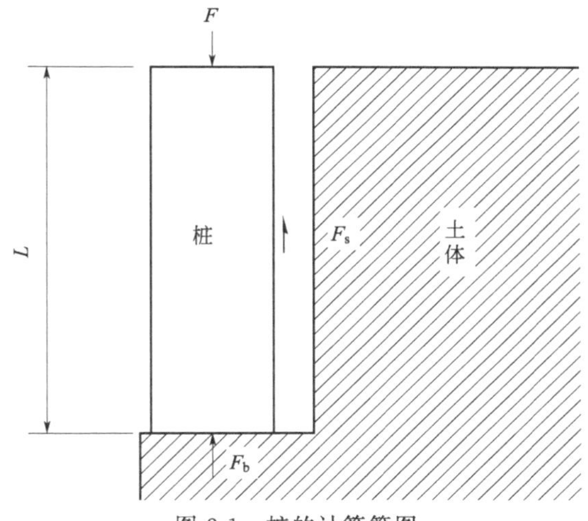

图 2-1　桩的计算简图

为分析桩荷载作用下的位移，取长为 dz 的脱离体，可得桩的平衡方程为：

$$\frac{\mathrm{d}F_N}{\mathrm{d}z}-F_s=0 \tag{2-1}$$

式中，F_N 为桩的轴力。

利用应力-应变关系，轴力可表示为：

$$F_N=AE\frac{\mathrm{d}w}{\mathrm{d}z} \tag{2-2}$$

桩周剪应力 F_s 可由桩侧的荷载-位移曲线确定，其值可表示为：

$$F_s = k_s U w \tag{2-3}$$

式中，k_s 为剪切刚度系数。

将式(2-2) 和式(2-3) 代入式(2-1) 可得：

$$\frac{\mathrm{d}}{\mathrm{d}z}\left(AE\frac{\mathrm{d}w}{\mathrm{d}z}\right) - k_s U w = 0 \tag{2-4}$$

桩端反力与桩端位移有关，其值可表示为：

$$F_b = k_b w \tag{2-5}$$

则方程的边界条件可以写成如下格式：

$$AE\frac{\partial u}{\partial z}\bigg|_{z=0} = -P \tag{2-6}$$

$$\left(AE\frac{\partial w}{\partial z} + k_b w\right)\bigg|_{z=l} = 0$$

由变分法的理论可知，上述问题的求解可以转化为求解泛函 $\Pi_p(w)$ 的极值问题，泛函 $\Pi_p(w)$ 为：

$$\Pi_p(w) = \int_0^L \frac{EA}{2}\left(\frac{\mathrm{d}w}{\mathrm{d}z}\right)^2 \mathrm{d}z + \frac{1}{2}\int_0^L U k_s w^2 \mathrm{d}z - F w(0) + \frac{1}{2} k_b w^2(L) \tag{2-7}$$

用有限单元法对桩身进行分析，将桩身离散为杆单元，典型的轴力杆单元如图 2-2 所示。

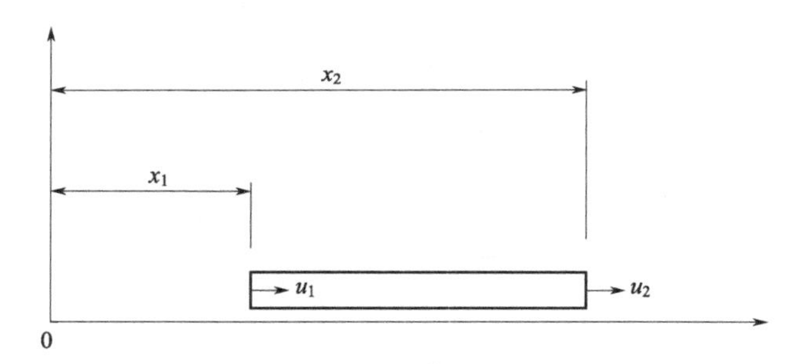

图 2-2　典型两节点轴力杆单元示意图

单元中每个结点只有一个位移函数 w_i，单元内位移 w (z) 用一维 Lagrange 插值多项式通过结点位移 w_i 插值表示如下：

$$w = \sum_{i=1}^{n} N_i(\xi) w_i \tag{2-8}$$

式中，N_i 为形函数；ξ($-1 \leqslant \xi \leqslant 1$) 为单元的自然坐标，它和总体坐标的关系为：

$$\xi=\frac{2}{l}(z-z_{\mathrm{c}})，\ z_{\mathrm{c}}=\frac{z_1+z_n}{2} \tag{2-9}$$

式中，l 为单元的长度；z_{c} 为单元中点的坐标；z_1，z_n 为单元起点和终点的坐标。

对于常用的 2 结点单元，形函数可表示为：

$$N_1=\frac{1}{2}(1-\xi)$$

$$N_2=\frac{1}{2}(1+\xi) \tag{2-10}$$

将式(2-8) 代入式(2-7)，并由 $\delta\Pi_{\mathrm{p}}=0$ 可得有限元的求解方程

$$Kw=P \tag{2-11}$$

式中，$K=\sum\limits_e K_{\mathrm{p}}^e+\sum\limits_e K_{\mathrm{s}}^e+K_{\mathrm{b}}^e$；$w=\sum\limits_e w^e$；$P=\sum\limits_e P^e$。

K_{p}^e 为杆单元的刚度矩阵；K_{s}^e 为桩-土界面剪应力所引起，称为剪切刚度矩阵；K_{b}^e 为桩端弹簧所对应的刚度。各刚度矩阵的计算公式如下：

$$K_{\mathrm{p}}^e=\int_0^l EA\left(\frac{\mathrm{d}N}{\mathrm{d}z}\right)^{\mathrm{T}}\left(\frac{\mathrm{d}N}{\mathrm{d}z}\right)\mathrm{d}z=\int_{-1}^1\frac{2EA}{l}\left(\frac{\mathrm{d}N}{\mathrm{d}\xi}\right)^{T}\left(\frac{\mathrm{d}N}{\mathrm{d}\xi}\right)\mathrm{d}\xi \tag{2-12}$$

$$K_{\mathrm{s}}^e=\int_0^l k_{\mathrm{s}}UN^{\mathrm{T}}N\,\mathrm{d}z=\frac{l}{2}\int_{-1}^1 k_{\mathrm{s}}UN^{\mathrm{T}}N\,\mathrm{d}\xi \tag{2-13}$$

$$K_{\mathrm{b}}^e=[k_{\mathrm{b}}] \tag{2-14}$$

当杆单元的 EA 为常数时，式(2-12) 可直接积分。对于两结点杆单元，杆单元的刚度矩阵可表示为：

$$\boldsymbol{K}_{\mathrm{p}}^e=\frac{EA}{l}\begin{bmatrix}1 & -1\\ -1 & 1\end{bmatrix} \tag{2-15}$$

当荷载很大，桩体将进入非线性阶段，此时，弹性模量为应变的函数或桩为变截面情况，式(2-12) 难以得到积分的显式表达式，可采用数值积分的方法进行求解。本书采用两点式高斯积分，则对于非线性情况下桩的刚度矩阵为：

$$\boldsymbol{K}_{\mathrm{p}}^e=\frac{1}{2l}\begin{bmatrix}1 & -1\\ -1 & 1\end{bmatrix}\sum_{i=1}^2 EA(\xi_i) \tag{2-16}$$

式中，ξ_i 为积分点，$\xi_1=-\sqrt{3}/3$，$\xi_2=\sqrt{3}/3$。

2.1.2 一致剪切刚度矩阵和集中剪切刚度矩阵

当剪切刚度 k_s 与位移无关，是一个常数且截面为等截面，则式(2-13) 可直接积分。对于两结点杆单元，剪应力所对应的一致剪切刚度矩阵可表示为：

$$\boldsymbol{K}_s^e=\frac{Uk_s l}{6}\begin{bmatrix}2 & 1\\1 & 2\end{bmatrix} \tag{2-17}$$

将单元每个结点上集中 1/2 剪切弹簧刚度，就得到集中剪切刚度矩阵

$$\boldsymbol{K}_s^e=\frac{Uk_s l}{2}\begin{bmatrix}1 & 0\\0 & 1\end{bmatrix} \tag{2-18}$$

目前大多数的文献中都是采用集中剪切刚度矩阵进行分析，而由上面的推导过程可以看出，当剪切刚度为常数时，集中剪切刚度矩阵是一致剪切刚度矩阵的近似解。由式(2-12)和式(2-13) 可以看出，剪切刚度矩阵表达式是插值函数的平方项，而杆单元的刚度矩阵是插值函数导数的平方项，因此在相同精度要求下，剪切刚度矩阵可采用较低的插值函数，而集中剪切刚度矩阵从实质上看正是这样一种替换方案。这种处理方法与结构动力反应分析中关于质量矩阵的处理类似。

在结构动力反应分析中，质量矩阵采用集中质量矩阵可明显简化计算，而对于剪切刚度来说，由于一致剪切刚度矩阵和杆单元刚度矩阵元素在总体矩阵中的位置相同，因此，采用一致剪切刚度矩阵并不影响总体刚度矩阵的带宽，即不影响系统的求解速度，集中剪切刚度矩阵对计算速度的提高效果很小。

另一方面，桩侧界面的荷载-位移曲线为非线性。如果采用集中剪切刚度矩阵，可直接由结点处的位移得到相应的剪切刚度系数值，这相当于采用 Newton-Cotes 积分，对于 n 个积分点，所得的积分具有 $n-1$ 阶精度，而一致剪切刚度矩阵可采用高斯积分，对于 n 个积分点，所得的积分具有 $2n-1$ 阶精度，其积分更为精确。对于两点式高斯积分，一致剪切刚度矩阵可表示为：

$$\begin{aligned}\boldsymbol{K}_s^e&=\frac{l}{2}\sum_{i=1}^{2}Uk_s(\xi_i)\boldsymbol{N}(\xi_i)^{\mathrm{T}}\boldsymbol{N}(\xi_i)\\&=\frac{l}{24}\begin{bmatrix}4+2\sqrt{3} & 2\\2 & 4-2\sqrt{3}\end{bmatrix}Uk_s\left(-\frac{\sqrt{3}}{3}\right)+\frac{l}{24}\begin{bmatrix}4-2\sqrt{3} & 2\\2 & 4+2\sqrt{3}\end{bmatrix}Uk_s\left(\frac{\sqrt{3}}{3}\right)\end{aligned} \tag{2-19}$$

如果桩体弹性模量、桩侧剪切刚度系数和桩端弹簧刚度与位移无关，则

式(2-11) 为线性方程组，可以没有困难直接求解。而事实上，以上各系数通常依赖于未知量 w，因此式(2-11) 不可能直接求解。此时可采用 Newton-Raphson (N-R) 法或修正 N-R 法进行迭代求解。N-R 法的迭代过程表示如下：

$$
\begin{aligned}
K(w^{i})\Delta w^{i+1}&=\Delta P^{i}\\
w^{i+1}&=w^{i}+\Delta w^{i+1}\\
\Delta P^{i}&=P-K(w^{i})w^{i}
\end{aligned}
\tag{2-20}
$$

方程的初始解可设为 $w^{0}=0$，如果式(2-20) 中的刚度矩阵总是采用初始刚度矩阵，即

$$
K(w^{i})=K(0) \tag{2-21}
$$

上式为修正 N-R 法。在桩的位移计算中如果桩体为弹性材料，则使总体刚度矩阵的非线性程度降低，此时采用修正 N-R 法即可得到较好的效果。重复以上计算过程，即可得到方程的 n 次近似解。当 $\left\|\dfrac{\Delta P^{i}}{P}\right\|\leqslant e$ 时迭代终止。

为说明采用一致剪切刚度矩阵和集中剪切刚度矩阵的精度差别，采用其他文献中分析过的算例进行对比分析。

算例一[1]：

采用桩侧剪切弹簧为弹塑性模型（图 2-3），桩体的参数为：$l=20\text{m}$，$A=0.4\text{m}^2$，$E=3.2\times10^4\text{MPa}$；桩周土的参数为：$u_1=3.5\text{mm}$，$k_{s1}=5.2\times10^4\text{kN/m}^2$，$k_{s2}=0$；桩底土的参数为：$k_{b1}=3.5\times10^5\text{kN/m}$；$k_{b2}=8.0\times10^4\text{kN/m}$，$u_b=1\text{mm}$。

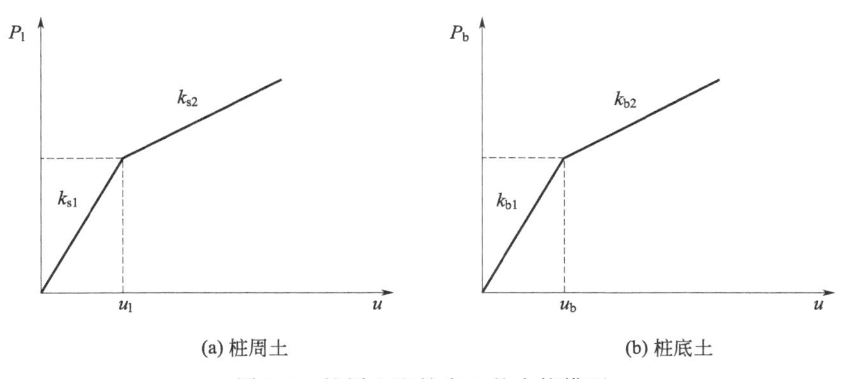

图 2-3　桩周土和桩底土的本构模型

该桩的荷载-沉降曲线如图 2-4 所示。从图中的计算结果可以看出，桩的沉降曲线分为 3 个阶段：

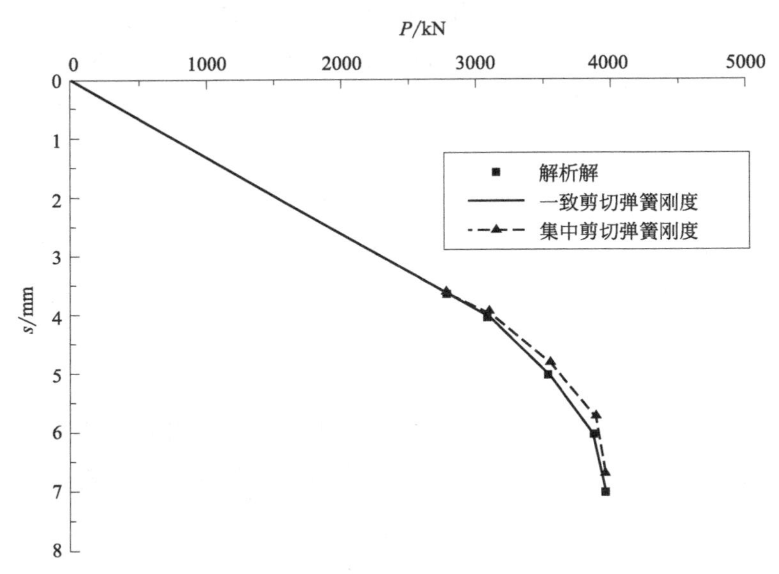

图 2-4　桩的轴向荷载-沉降曲线

① 弹性阶段，采用一致剪切弹簧和集中弹簧的计算结果和解析解的结果相同，这是由于在线弹性阶段时，采用 Newton-Cotes 积分和高斯积分所得的剪切刚度矩阵相同。

② 随着桩顶荷载的增加，桩上各截面的位移不断增大，当截面的位移达到弹性位移极限后，桩侧土进入塑性阶段。由于桩上各截面的位移从上到下逐步减少，因此，桩侧弹簧也是从上到下逐步进入塑性，此时采用 Newton-Cotes 积分所得的刚度矩阵偏刚，因此在相同的荷载作用下，桩的沉降偏小。

③ 随着荷载的进一步加大，桩侧土和桩底土都进入塑性阶段，此时不同计算方法的沉降变化斜率完全相同，这是由于算例中假定桩侧土进入塑性后，其弹簧刚度为 0，即进入理想塑性阶段，此时，荷载增量完全由桩底土的弹簧所承担，因此，沉降变化斜率等于桩底土塑性弹簧刚度。

算例二[2]：

试桩为预制桩，桩身混凝土为 C45，桩体的参数为：短桩 $l=22.5\text{m}$，长桩 $l=39.0\text{m}$，方形截面，尺寸为 $0.45\text{m}\times0.45\text{m}$，桩身弹性模量 $E=3.25\times10^4\text{MPa}$；土层主要指标见表 2-1。

为考虑加载过程中桩侧土和桩端土的非线性变化，其本构关系采用美国海洋平台设计规范（API RP 2A-WSD）的 Q-z 和 t-z 曲线[3]，如图 2-5 和图 2-6 所示。长桩和短桩的荷载-沉降曲线如图 2-7 和图 2-8 所示。

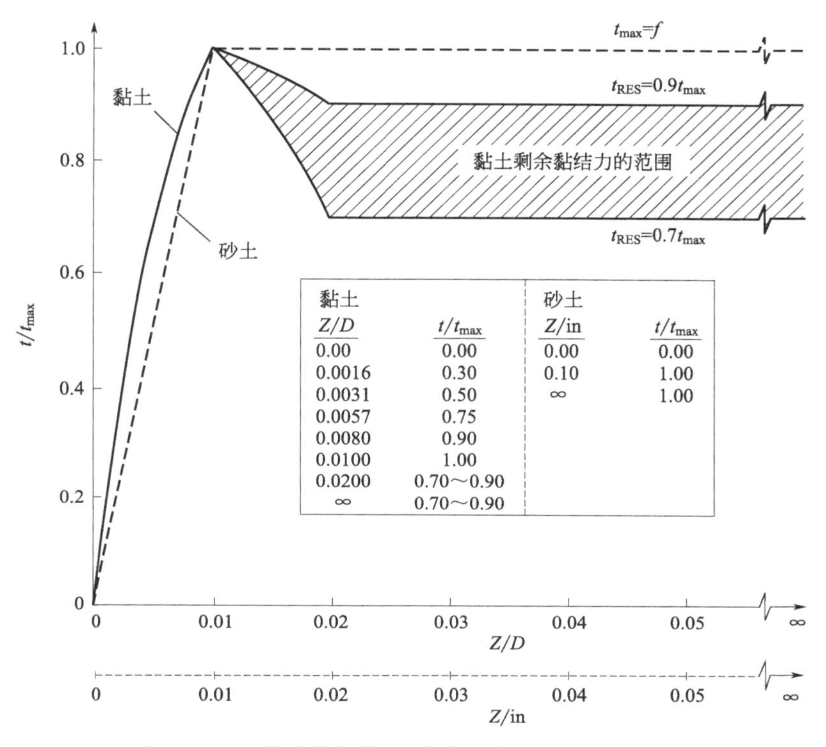

黏土		砂土	
Z/D	t/t_{max}	Z/in	t/t_{max}
0.00	0.00	0.00	0.00
0.0016	0.30	0.10	1.00
0.0031	0.50	∞	1.00
0.0057	0.75		
0.0080	0.90		
0.0100	1.00		
0.0200	0.70～0.90		
∞	0.70～0.90		

图 2-5 桩的轴向荷载传递-位移曲线（1in＝0.0254m）

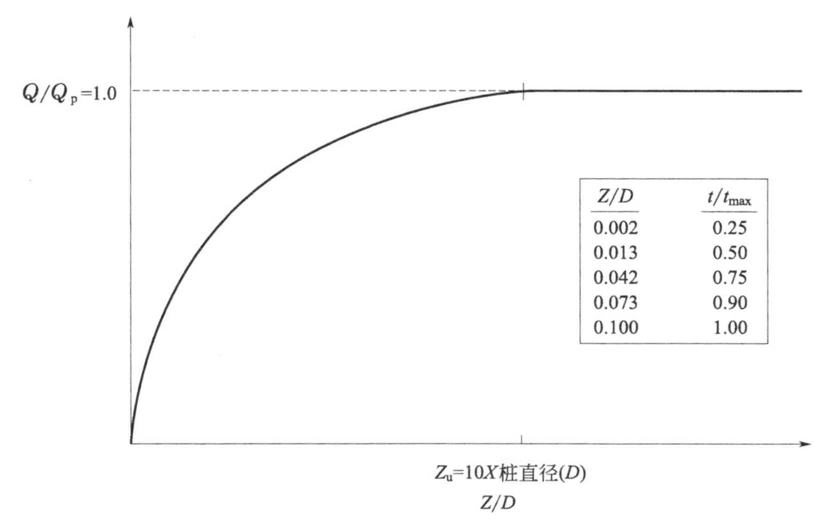

Z/D	t/t_{max}
0.002	0.25
0.013	0.50
0.042	0.75
0.073	0.90
0.100	1.00

图 2-6 桩尖荷载-位移曲线

由图 2-7 和图 2-8 的计算结果可以得知，当荷载较小时，一致剪切刚度矩阵

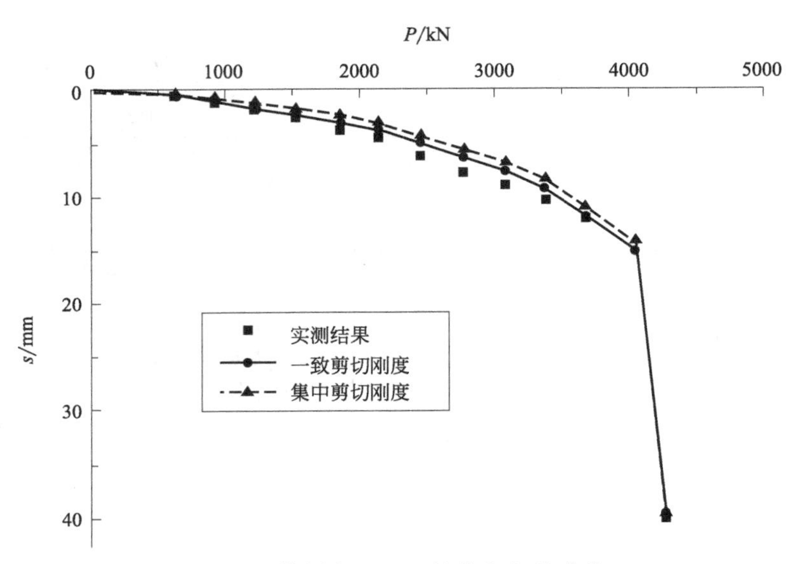

图 2-7 算例中 22.5m 桩荷载-沉降曲线

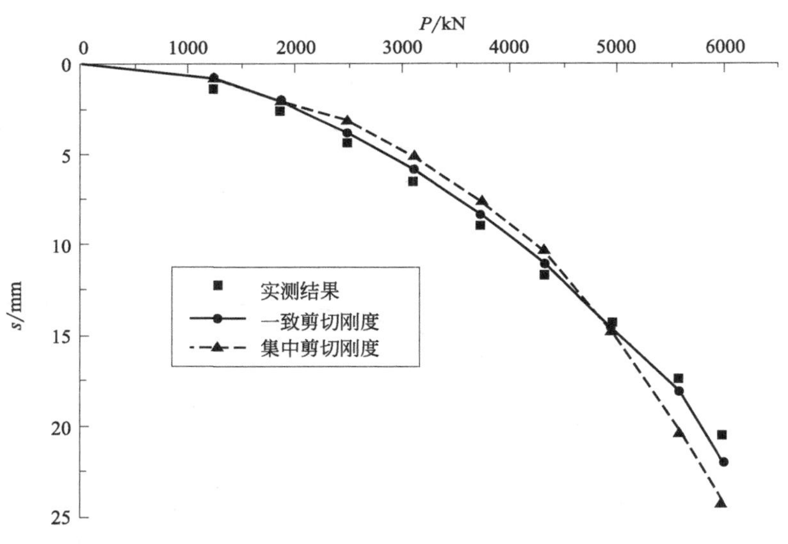

图 2-8 算例中 39.0m 桩荷载-沉降曲线

和集中剪切刚度矩阵所得的计算结果大致相同，而当荷载增加时，集中剪切刚度误差相对较大。

表 2-1 主要土层指标

土层编号	土层名称	层厚/m	压缩模量/MPa	极限侧阻力/kPa	极限端阻力/kPa
2-1	黏土	5.6	9.5	102	

续表

土层编号	土层名称	层厚/m	压缩模量/MPa	极限侧阻力/kPa	极限端阻力/kPa
2-2	粉质黏土	2.0	10.7	83	
3	粉质黏土	1.85	11.7	55	
4	粉质黏土	3.75	6.8	41	
5-1	黏土	2.7	12.7	74	
5-2	粉质黏土	7.3	7.5	90	2400
5-3	粉质黏土	4.5	10.5	67	1800
6	黏土	3.45	7.9	94	
7	粉质黏土	4.95	9.0	63	
8	粉质黏土	11.0	13.0	110	4000

2.2　基于修正传递函数单桩沉降的广义弹性理论法

荷载传递法具有计算简单、实用性强，且能够很好地模拟桩侧土的荷载传递的优点。由于该方法假定将土用一系列的非线性弹簧代替，从而被认为没能考虑土介质的连续性。而事实上这种方法是半经验性质的，通过现场试验获取弹簧参数，可以认为土体的连续性已经被隐含地考虑到，因此是一个比较符合实际的方法，但也有两个缺陷：

① 桩-土界面间的荷载位移传递函数的模拟好坏，直接影响结果的正确性及合理性，而获取荷载传递函数费用较高。

② 传递函数建立了桩侧一点的土阻力与桩身位移的关系，没有对离开桩侧一定距离的土将产生多少影响进行计算，因而无法直接用于群桩计算。

为将荷载传递函数应用到群桩分析中，许多学者做了富有成效的研究。其中一个比较简单的处理方法是在桩-土之间加入接触单元，接触单元的本构关系采用传递函数。但事实上，传递函数本身已经包含土的变形，因此，计算的沉降偏大。对于某一根桩而言，不同方法的计算结果，与实际的沉降相近的分析方法为合理方法。因此，本书将传递函数和弹性理论有机结合起来，用于单桩的沉降分析，为传递函数用于群桩分析奠定基础。

2.2.1　传递函数修正

在确定竖向荷载作用下，通过桩荷载-位移的 Q-z 曲线，可得桩侧和桩端土

的反力，而桩的位移包含土受荷以后所产生的位移和桩-土的相对位移，即

$$w_{p}=w_{s}+\Delta w \tag{2-22}$$

Q-z 曲线中的位移为 w_{p}，因此，若将试验所得曲线进行修正，可用于群桩分析。

由试验可知，除桩-土界面很小的范围内，土体为非线性，而群桩效应主要由土的弹性变形引起，因此，若试验所得的 Q-z 曲线为：

$$Q=f(w_{p}) \tag{2-23}$$

令

$$k_{0}=\left.\frac{\mathrm{d}Q}{\mathrm{d}w_{p}}\right|_{w_{p}=0} \tag{2-24}$$

则修正的曲线为：

$$Q=f\left(\Delta w+\frac{Q}{k_{0}}\right) \tag{2-25}$$

常用的 Q-z 曲线有理想弹塑性模型和双曲线模型，对于理想弹塑性模型：

$$Q=\begin{cases}k_{0}w_{p} & w_{p}<w_{e}\\ Q_{u} & w_{p}\geqslant w_{e}\end{cases} \tag{2-26}$$

修正后

$$k=\begin{cases}\infty, & \Delta w=0\\ 0, & \Delta w>0\end{cases} \tag{2-27}$$

这实际上表示，在达到极限剪切力前，桩-土之间没有相对位移，而达到极限剪切力后相互作用力不变，两者发生相对位移。

对于双曲线模型：

$$Q=\frac{w_{p}}{a+bw_{p}} \tag{2-28}$$

将式(2-22) 代入式(2-28)，经化简后可得：

$$Q=\frac{-b\Delta w+\sqrt{(b\Delta w)^{2}+4ab\Delta w}}{2ab} \tag{2-29}$$

2.2.2 桩-土界面单元

(1) 一致剪切弹簧刚度

如图 2-9 所示，两接触面之间假想为无数微小弹簧所连接。在受力前两接触面完全吻合，即单元没有厚度，只有长度。每片接触面两端有两个结点，单元一边为桩，另一边为土。

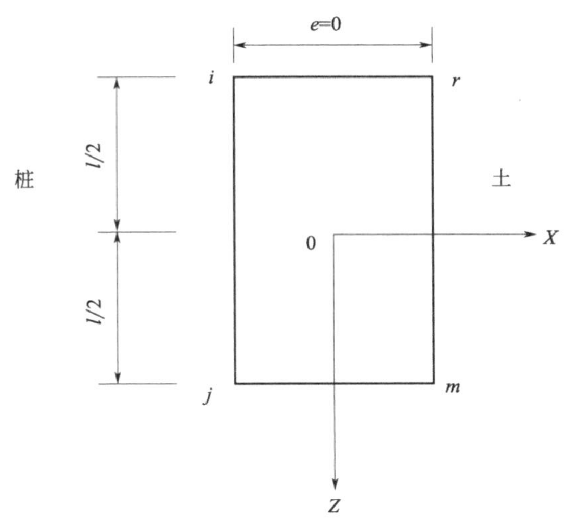

图 2-9 接触面单元

在结点力作用下，两片接触面弹簧间的弹簧受剪应力 τ_s，两片接触面间产生相对位移 Δw，则其应力-应变关系可表示为：

$$\tau_s = k_s U \Delta w \tag{2-30}$$

取线性位移模式，不难将每一片接触面上沿长度方向各点的位移表示为结点位移。即

$$w_p = \frac{1}{2}\begin{bmatrix}1-\frac{2z}{l} & 1+\frac{2z}{l}\end{bmatrix}\begin{Bmatrix}w_i \\ w_j\end{Bmatrix} \tag{2-31}$$

$$w_s = \frac{1}{2}\begin{bmatrix}1+\frac{2z}{l} & 1-\frac{2z}{l}\end{bmatrix}\begin{Bmatrix}w_m \\ w_r\end{Bmatrix} \tag{2-32}$$

则接触面单元内各点的相对位移为：

$$\Delta w = w_p - w_s = \frac{1}{2}\begin{bmatrix}N_1 & N_2 & -N_2 & -N_1\end{bmatrix}\{w^e\}^{\mathrm{T}} \tag{2-33}$$

式中，$N_1 = 1-\frac{2z}{l}$；$N_2 = 1+\frac{2z}{l}$；$\{w^e\}^{\mathrm{T}} = \{w_i \quad w_j \quad w_m \quad w_r\}^{\mathrm{T}}$。

令 $$[B] = \begin{bmatrix}N_1 & N_2 & -N_2 & -N_1\end{bmatrix}$$

由虚功原理可得：

$$\{F^e\} = \frac{1}{4}\int_{-\frac{l}{2}}^{\frac{l}{2}} [B]^{\mathrm{T}} k_s U [B]\,\mathrm{d}z\,\{w^e\} = [k^e]\{w^e\} \tag{2-34}$$

式中，$[k^e] = \frac{1}{4}\int_{-\frac{l}{2}}^{\frac{l}{2}} [B]^{\mathrm{T}} k_s U [B]\,\mathrm{d}z$ 为接触单元的刚度矩阵，当接触面上的

刚度为常数时，$[k^e]$ 可积分为：

$$[k^e]=\frac{lUk_s}{6}\begin{bmatrix}2 & 1 & -1 & -2\\1 & 2 & -2 & -1\\-1 & -2 & 2 & 1\\-2 & -1 & 1 & 2\end{bmatrix} \tag{2-35}$$

各接触单元的刚度矩阵与一般的二维单元一样，可以按结点平衡条件而叠加到总的刚度矩阵上，求解位移。求得结点位移后，由式(2-22) 求得相对位移，代入式(2-30) 可得接触面上的应力。

当荷载很大时桩体将进入非线性阶段，此时弹性模量为应变的函数，此时 $[k^e]$ 难以得到积分的显式表达式，可采用数值积分的方法进行求解。

(2) 集中剪切弹簧刚度

如果忽略接触单元中非对角元素的影响，即可得到集中剪切弹簧刚度矩阵，则集中剪切弹簧刚度矩阵可表示为：

$$[k^e]=\frac{lUk_s}{2}\begin{bmatrix}1 & 0 & 0 & -1\\0 & 1 & -1 & 0\\0 & -1 & 1 & 0\\-1 & 0 & 0 & 1\end{bmatrix} \tag{2-36}$$

式中，U 为单元变形量；k_s 为剪切刚度；l 为桩单元的长度。

(3) 土的位移方程

将桩和土体分为相同的 n 个单元后，计算模型如图 2-10 所示，基本假定如下：

① 地基土是弹性、均匀、连续、各向同性的半无限体。弹性常数和泊松比不受桩的插入而变化。

② 假定桩内不存在残余应力。

③ 土体位移利用半无限弹性体中集中力的 Mindlin (1936) 解给出，并只考虑在竖向荷载下的竖向变形。

④ 分析时把桩身及桩周土分为若干小段，每段以荷载代替。

由 Mindlin 解可知，弹性半无限体内深度 c 处作用集中力 p，离地深度 z 处任一点 M 处位移为：

$$w=\frac{P(1+\nu)}{8\pi E(1-\nu)}\left[\frac{3-4\nu}{R_1}+\frac{(z-c)^2}{R_1^3}+\frac{8(1-\nu)^2-(3-4\nu)}{R_2}+\right.$$

$$\left.\frac{(3-4\nu)(z+c)^2-2cz}{R_2^3}+\frac{6cz(z+c)^2}{R_2^5}\right] \tag{2-37}$$

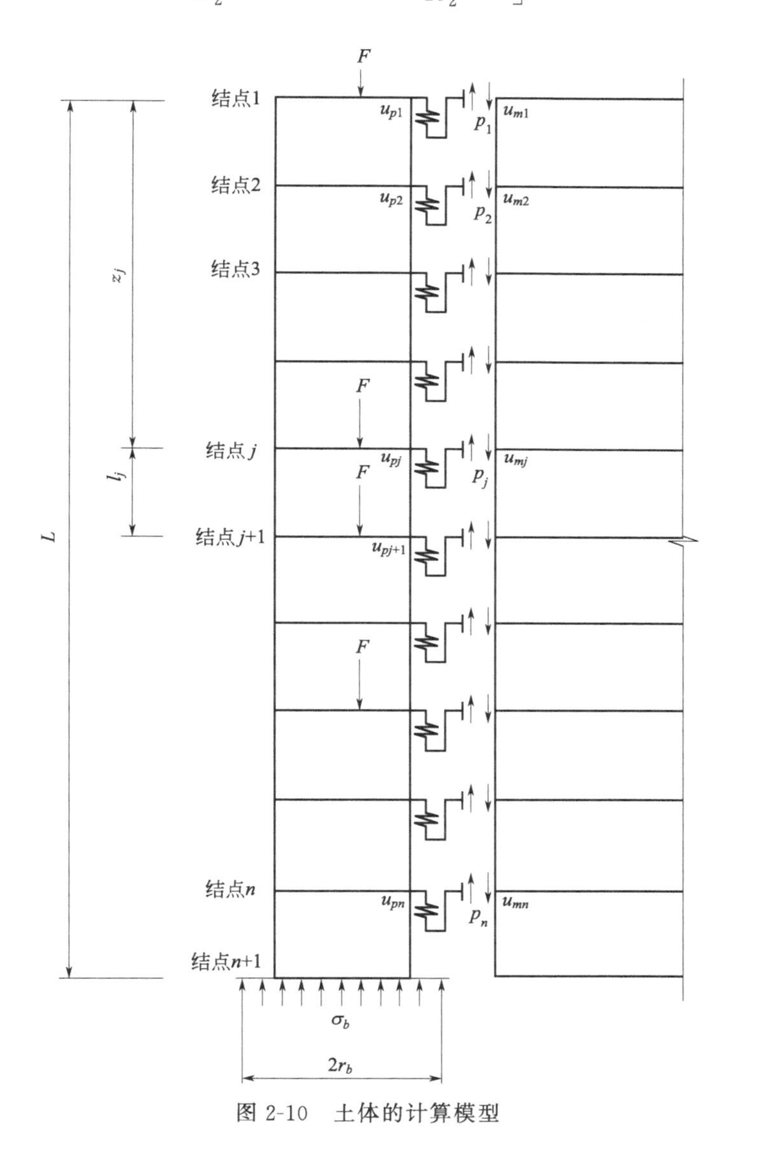

图 2-10　土体的计算模型

式中，$R_1=\sqrt{x^2+y^2+(z-c)^2}$；$R_2=\sqrt{x^2+y^2+(z+c)^2}$；$\nu$ 为土体的泊松比。

定义单位垂直荷载引起的位移影响系数为：

$$\delta_i=\frac{1+\nu}{8\pi(1-\nu)}\left[\frac{3-4\nu}{R_1}+\frac{(z-c)^2}{R_1^3}+\frac{8(1-\nu)^2-(3-4\nu)}{R_2}+\right.$$

$$\left.\frac{(3-4\nu)(z+c)^2-2cz}{R_2^3}+\frac{6cz(z+c)^2}{R_2^5}\right] \tag{2-38}$$

则对于单元 j 上 $\tau_j=1$ 摩阻力作用下在 i 处产生的竖向位移的系数可由下式求解：

$$I_{ij}=\int_{z_j}^{z_{j+1}}\delta_i\,\mathrm{d}c \tag{2-39}$$

$$I_{i\mathrm{b}}=\int_0^{r_\mathrm{b}}\delta_i r\,\mathrm{d}r \tag{2-40}$$

$$I_{\mathrm{b}j}=\int_{z_j}^{z_{j+1}}\delta_i\,\mathrm{d}c \tag{2-41}$$

$$I_{\mathrm{bb}}=\int_0^{r_\mathrm{b}}\delta_i r\,\mathrm{d}r \tag{2-42}$$

定义 $\alpha=z-c$，$\beta=z+c$，$D_1=\sqrt{r_0^2+\alpha^2}$，$D_2=\sqrt{r_0^2+\beta^2}$。

$$\begin{aligned}\int\delta_i\,\mathrm{d}c=&\frac{1+\nu}{8\pi(1-\nu)}\Bigg[-4(1-\nu)\ln(\alpha+\sqrt{r_0^2+\alpha^2})+\frac{\alpha}{\sqrt{r_0^2+\alpha^2}}+\\&8(1-\nu)^2\ln(\beta+\sqrt{r_0^2+\beta^2})+\\&\frac{2z_i^2\beta/r_0^2-4z_i-(3-4\nu)\beta}{\sqrt{r_0^2+\beta^2}}+\frac{2(z_ir_0^2-z_i^2\beta^3/r_0^2)}{\sqrt{(r_0^2+\beta^2)^3}}\Bigg]\end{aligned} \tag{2-43}$$

$$\begin{aligned}\int\delta_i r\,\mathrm{d}r=&\frac{1+\nu}{8\pi(1-\nu)}\Bigg\{(3-4\nu)\sqrt{r^2+\alpha^2}-\frac{\alpha^2}{\sqrt{r^2+\alpha^2}}+\\&[8(1-\nu)^2-(3-4\nu)]\sqrt{r^2+\beta^2}-\\&\frac{[(3-4\nu)\beta^2-2cz_i]}{\sqrt{r^2+\beta^2}}-\frac{2cz_i\beta^2}{\sqrt{(r^2+\beta^2)^3}}\Bigg\}\end{aligned} \tag{2-44}$$

考察图 2-10 所示的结点 i，由于单元 j 上的应力 τ_j 的作用，在结点 i 上产生的竖向位移为：

$$s_{ij}=\frac{2\pi r_0}{E_\mathrm{s}}I_{ij}\tau_j=\frac{1}{l_jE_\mathrm{s}}I_{ij}p_j \tag{2-45}$$

式中，I_{ij} 为单元 j 上 $\tau_j=1$ 摩阻力作用下在 i 处产生的竖向位移的系数；$p_j=2\pi r_0l_j\tau_j$；s_{ij} 为在 τ_j 作用下在 i 处产生的竖向位移。

桩底应力 σ_b 作用下结点 i 上产生的竖向位移为：

$$s_{i\mathrm{b}}=\frac{2\pi}{E_\mathrm{s}}I_{i\mathrm{b}}\sigma_\mathrm{b}=\frac{2}{r_\mathrm{b}^2E_\mathrm{s}}I_{i\mathrm{b}}p_\mathrm{b} \tag{2-46}$$

式中，$p_\mathrm{b}=\pi r_\mathrm{b}^2\sigma_\mathrm{b}$；$I_{i\mathrm{b}}$ 为当 $\sigma_\mathrm{b}=1$ 时在 i 处产生的竖向位移的系数。

这样，所有 n 个单元和桩底应力作用下，单元 i 所产生的位移为：

$$S_i=\frac{1}{E_s}\sum_{j=1}^{n}\frac{1}{l_j}I_{ij}+\frac{2}{r_b^2E_s}I_{ib}p_b \tag{2-47}$$

同理，可写出单元 j 和桩底应力作用下引起的桩底位移为：

$$s_{bj}=\frac{1}{l_jE_s}I_{bj}p_j \tag{2-48}$$

$$s_{bb}=\frac{2}{r_b^2E_s}I_{bb}p_b \tag{2-49}$$

这样，土体的位移方程为：

$$\{S\}=\frac{1}{E_s}[I_s]\{p\} \tag{2-50}$$

式中，$\{S\}=\{s_1\quad s_2\quad \cdots\quad s_n\quad s_b\}^{\mathrm{T}}$ 为土位移向量；$\{p\}=\{p_1\quad p_2\quad \cdots\quad p_n\quad p_b\}^{\mathrm{T}}$。

$$[I_s]=\begin{bmatrix}\frac{I_{11}}{l_1} & \frac{I_{12}}{l_2} & \cdots & \frac{I_{1n}}{l_n} & \frac{2I_{1b}}{r_b^2}\\ \frac{I_{21}}{l_1} & \frac{I_{22}}{l_2} & \cdots & \frac{I_{2n}}{l_n} & \frac{2I_{2b}}{r_b^2}\\ \cdots & \cdots & \cdots & \cdots & \cdots\\ \frac{I_{n1}}{l_1} & \frac{I_{n2}}{l_2} & \cdots & \frac{I_{nn}}{l_n} & \frac{2I_{nb}}{r_b^2}\\ \frac{I_{b1}}{l_1} & \frac{I_{b2}}{l_2} & \cdots & \frac{I_{bn}}{l_n} & \frac{2I_{bb}}{r_b^2}\end{bmatrix} \tag{2-51}$$

将单元的剪应力与单元结点力相联系，可知

$$\{F_m\}=\begin{Bmatrix}F_{m1}\\F_{m2}\\F_{m3}\\ \vdots\\F_{mn}\\F_{m(n+1)}\end{Bmatrix}=\frac{1}{2}\begin{bmatrix}1 & & & & & \\ 1 & 1 & & & & \\ & 1 & 1 & & & \\ & \cdots & & & \cdots & \\ & & & 1 & 1 & \\ & & & & 1 & 2\end{bmatrix}\begin{Bmatrix}p_1\\p_2\\p_3\\ \vdots\\p_n\\p_b\end{Bmatrix}=[T]\{p\} \tag{2-52}$$

由此得出的土体沉降即为土体结点的位移，因此，$\{S\}=\{w_m\}$。将式(2-52)代入式(2-50)，并化简可得土体荷载位移方程：

$$\{F_m\}=[k_m]\{w_m\} \tag{2-53}$$

式中，$[k_m]$ 为土体刚度矩阵，可由下式计算：

$$[k_m]=E_s[T][I_s]^{-1} \tag{2-54}$$

(4) 与其他计算方法的联系

桩的刚度矩阵采用常用的杆单元进行分析，其刚度矩阵详见 2.2 节。在得到桩单元、剪切单元和土体的刚度矩阵后，采用对号入座法即可得到整体刚度矩阵，这与常规有限单元法相同。这样就得到考虑桩-土相对位移的有限元分析方程：

$$\{F\}=[K]\{w\} \tag{2-55}$$

这样的计算方法稍经处理即可得到常规的弹性理论法和荷载传递法。

① 与弹性理论法的联系。弹性理论法忽略桩-土之间的相对位移，相对于本书的方法可令 $k_s=\infty$，这表明 $w_{pj}=w_{mj}$。将整体刚度矩阵重新描述为：

$$[K]=\begin{bmatrix}[K_p] & \\ & [K_m]\end{bmatrix} \tag{2-56}$$

式中，$[K_p]$ 为桩的刚度矩阵部分；$[K_m]$ 为土体的刚度矩阵部分。

引入约束矩阵 $[C]$：

$$[C]=\begin{bmatrix}[I] \\ [I]\end{bmatrix} \tag{2-57}$$

式中，$[I]$ 为单位阵。则约束前后的位移和荷载向量可表示为：

$$\{\overline{w}\}=[C]\{w\} \tag{2-58}$$

$$\{\overline{F}\}=[C]\{F\} \tag{2-59}$$

将式(2-57) 和式(2-58) 代入式(2-54)，整理后可得添加约束方程后的整体刚度矩阵：

$$[\overline{K}]=[T]^{\mathrm{T}}[K][T] \tag{2-60}$$

则弹性理论法所对应的有限元方程为：

$$\{\overline{F}\}=[\overline{K}]\{\overline{w}\} \tag{2-61}$$

② 与荷载传递法的联系。荷载传递法不考虑土体的位移，传递函数采用修正之前的函数。此时仅令 $\{w_m\}=0$，则本书所得的计算方程就变成荷载传递法的方程。

(5) 算例

试桩为预制桩，桩身混凝土为 C20，桩体的参数为：长桩 $l=15\text{m}$，圆形截

面，半径为 0.1m，桩身弹性模量 $E=2.8\times10^4$MPa；土泊松比为 0.3，土体的弹性模量 $E_s=6.3$MPa，极限侧阻力 90kPa，极限端阻力 1500kPa。计算考虑以下四种情况：

① 忽略桩-土相对位移的弹性分析方法；

② 利用 Q-z 曲线和 t-z 曲线的荷载传递法；

③ 不修正传递函数，考虑桩-土相对位移的弹性分析法；

④ 将传递函数修正后，考虑桩-土相对位移的弹性分析法。

不同方法的荷载-沉降曲线如图 2-11 所示。

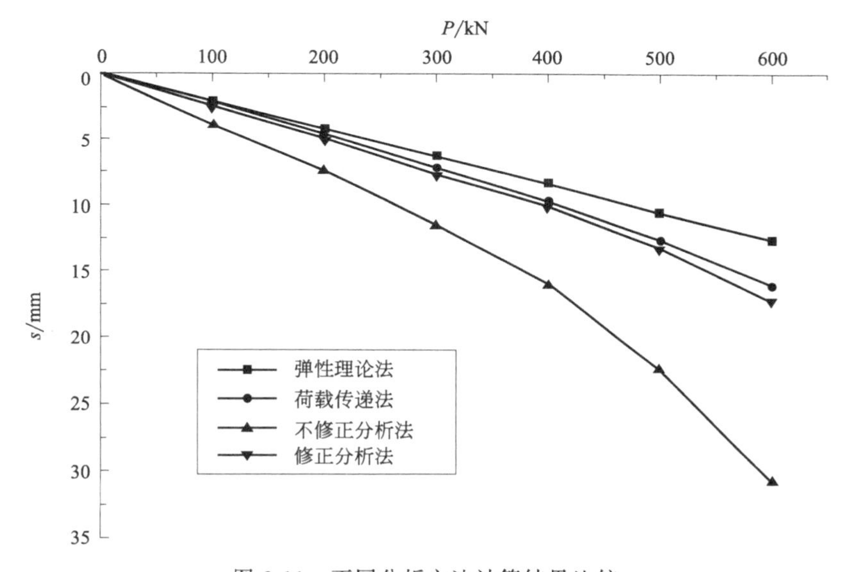

图 2-11　不同分析方法计算结果比较

荷载传递法以实际的试验结果为基础，可以较好地反映桩在荷载作用下的沉降情况，以荷载传递法的计算结果为基准，由图 2-11 中计算结果的对比可知：

① 弹性理论法没有考虑土体的非线性特性，计算结果偏小。

② 传递函数不进行修正情况下，沉降曲线略小于弹性理论法和荷载传递法的和，这是直接将传递函数用于考虑桩-土界面之间的相对位移，相当于重复考虑了土体的变形情况。

③ 对传递函数进行修正后，其计算结果和荷载传递法的计算结果基本相同，这表明传递函数中的弹性变形部分主要由土体的变形所引起，而桩土界面的相对位移为界面附近土体塑性变形的集中反映。

综上所述，将传递函数进行修正后用于桩的沉降分析，既保留了传递函数的优点，同时可方便地将这种方法推广到群桩分析中。

参考文献

[1] 陈龙珠，梁国钱，朱金颖．桩的轴向荷载-沉降曲线的一种解析算法 [J]．岩土工程学报，1994 (6)：16-19.

[2] 陈仁朋，梁国钱，余济棠，等．考虑桩土相对滑移的单桩和群桩的非线性分析 [J]．浙江大学学报，2002，36 (6)：668-673.

[3] American Petroleum Institute. Recommended practice for planning，designing and constructing fixed offshore platforms—working stress design (API RP 2A-WSD) [Z]. 2000.

第3章

复合锚固桩承载特性

3.1　复合锚固桩的特点

“复合锚固桩”是一种比较新颖的加固技术，在国内外基础加固领域相关研究文献较少。

如图 3-1(a) 所示，复合锚固桩与传统的微型桩所不同的是在同一个钻孔中安装多个长度不同的锚固单元桩体，而每个锚固单元桩体有自己的杆体、自由长度和固定长度，通过中高压注浆能使黏结应力比较均匀地分布在整个固定长度上，并能将上部荷载分散地传递给钻孔内的不同锚固单元，从而达到减少或根除桩侧摩阻力失效或局部失效的目的。

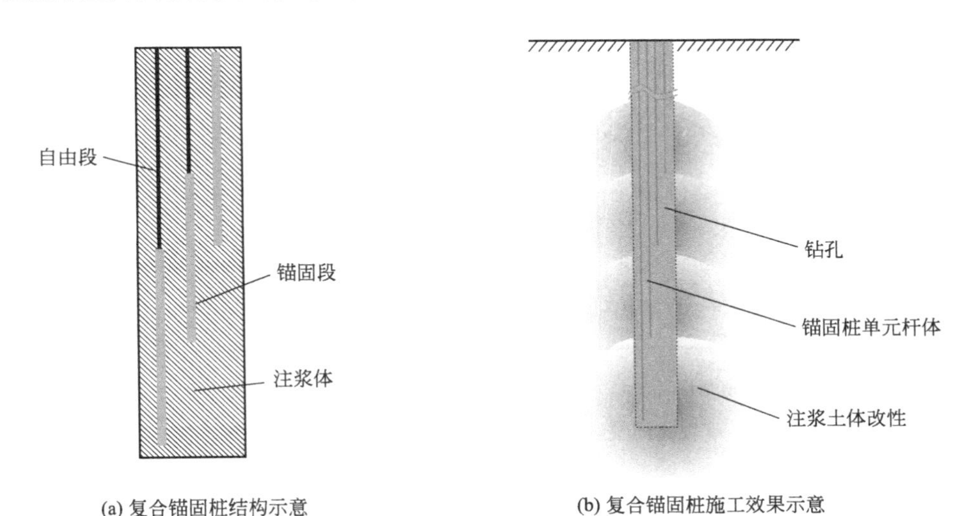

(a) 复合锚固桩结构示意　　(b) 复合锚固桩施工效果示意

图 3-1　复合锚固桩单桩结构示意图

该技术是充分利用锚固体的承压特性，一端与上部的结构物相接，另一端则通过钻孔与下伏岩土体相连，通过中高压注浆保证浆液在每根单元桩体的指定位置定点扩散，整体形成一串“葫芦”形状的承载体，如图 3-1(b) 所示，同时由于浆液在高压下的有效扩散，实现了原岩土层的整体改性，显著提高软弱岩土体的承载能力。该技术将锚固桩与岩土体有机地结合在一起，共同承受和传递上部结构的荷载。

对于普通锚固方法（单根锚固），由于锚固段与岩土体的弹性特征难以协调一致，因此承受荷载时不能将荷载均匀分布于桩体整个长度上，会出现严重的应力集中现象，如图 3-2(a)。多数情况下，随着桩体承受荷载的增大，在荷载传至

固定长度最远端之前，在锚固体与注浆体或注浆体与岩土接触面上会发生黏结效应逐步弱化或脱开的现象，这是与黏结应力沿桩体分布不均匀紧密相关的。

当采用复合锚固方法时，由于分成了多个单元锚固桩体，因而固定长度较小，在不发生桩体黏结效应逐步弱化或“脱开”的情况下，能最大限度地调用复合锚固桩在整个固定长度范围内的地层强度，如图 3-2(b)。

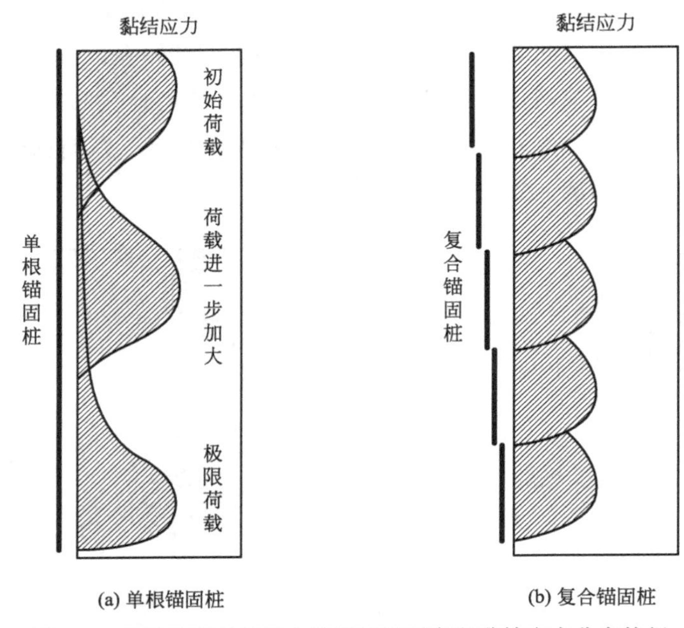

图 3-2　单根锚固桩与复合锚固桩沿固定段黏结应力分布特征

与普通锚固方法相比，复合锚固桩具有如下特性：

① 复合锚固桩系统的整个固定长度理论上是没有限制的，桩体承载能力可随固定长度的增长而提高。而对普通锚固方法而言，当固定长度大于 6m 时，其承载能力增量很小或无任何增加。

② 当锚固桩的固定段位于非均质地层中时，可以方便地调整某个锚固单元桩体的固定长度，即在比较软弱的地层中的固定长度大于比较坚硬地层中的单元锚固桩体的固定长度，这样可使不同的地层强度都得到充分的利用。

③ 通常情况下复合锚固桩是与压力注浆并存的，在施工过程中通过一定的施工工艺可以使注浆压力达到 3MPa 以上，风化、破碎或软弱的岩土体在中高压浆体的作用下，裂隙被充填、岩土体被挤压和劈裂，孔壁周围的岩土被逐渐固结和强化，外部的岩土体则在劈裂和充填机理的作用下形成新的锚固体——异型扩体，此时，承载段的黏结剪切面不是原来的圆柱体，而是不规则的曲面，滑移面

内外均受到注浆体的影响，特别是中高压注浆的劈裂作用改变了滑动曲面处岩土体的物理力学性质，从而大幅提高复合锚固桩的承载力。

3.2 复合锚固桩的受力分析

由于采用了分段锚固，复合锚固桩在荷载作用下桩体和荷载-沉降变化规律涉及上部荷载在各锚固体的分配问题，力的分配与桩的刚度、土体的力学性质、桩内杆体的刚度有关，是一个复杂的荷载传递过程，为简化分析，在下面分析中，荷载在各杆体内力的分配计算基于以下假定：

① 杆体为理想的弹性体；

② 忽略桩和土体的变形，即在各杆体内力计算时，假定杆体底部为刚性约束；

③ 杆体为理想的杆单元，只承受轴力作用；

④ 杆体上部承台为刚性平台。

基于上述假定，杆体内力计算简图如图 3-3 所示。

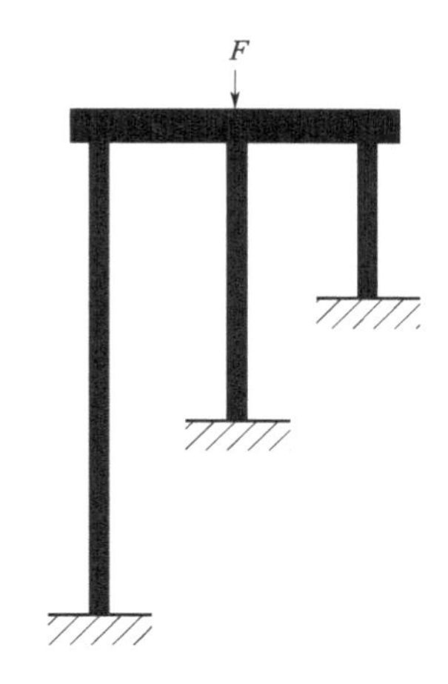

图 3-3 锚固桩杆体内力计算简图

在同一个桩体内，有 n 个杆体，各杆体的材料通常相同，其弹性模量为 E，各杆体的截面面积和长度分别为 A_i，l_i。在荷载作用下第 i 杆的位移为 w_i，则该杆体的杆端力为：

$$N_i = \frac{EA_i}{l_i} w_i \tag{3-1}$$

由承台力的平衡条件可得：

$$\sum_{i=1}^{n} N_i = \sum_{i=1}^{n} \frac{EA_i}{l_i} w_i = F \tag{3-2}$$

由假定④可知各杆体的竖向位移相同，因此：

$$w = \frac{F}{\sum_{i=1}^{n} \frac{EA_i}{l_i}} \tag{3-3}$$

则第 i 根杆体所受的力为：

$$N_i = \frac{F}{\sum_{j=1}^{n} \frac{A_j}{l_j}} \times \frac{A_i}{l_i} \tag{3-4}$$

在得到杆体的内力后，将该力作用于杆体的锚固位置，即可进行荷载沉降分析，对于单桩问题其计算方法与桩顶加载的计算方法相同，区别在于复合锚固桩为多点加载。

3.3 复合锚固桩的内力

为研究复合锚固桩的承载特性，结合算例来分析复合锚固桩内力变化特点。桩体的参数为：桩身混凝土为 C25，桩长 $L=30$m，圆形截面，半径为 0.15m，桩身弹性模量 $E=2.8\times10^4$MPa；土泊松比为 0.3，土体的弹性模量 $E_s=12.0$MPa。为比较不同加载方式下桩的内力和沉降变化特点，假定该桩内有三根杆体分散传递桩顶荷载，将其承载性状与无杆体的承载性状进行对比。计算中忽略桩-土间的相对位移，采用弹性理论进行分析。

由于各杆体的承载力可由其截面的设计参数调整，简单起见本算例不失合理性地假定各杆体各承担 1/3 荷载，荷载分别作用于 0，$l/3$，$2l/3$ 处。则不同加载方式下桩的荷载-沉降曲线和桩侧剪应力的分布如图 3-4 和图 3-5 所示。

分析图中计算结果的对比可知：

① 在弹性范围内，三点均匀加载方式的桩顶沉降约为桩顶加载的 71.3%，这表明在相同情况下，分散式加载可明显减少桩的沉降。

② 桩顶加载方式下，桩顶的剪应力很大，沿深度迅速减小，桩的中部剪应力很小。而三点加载情况下，剪应力沿桩身分布比较均匀，可充分发挥整个桩长范围内的剪应力，从而在相同荷载情况下，桩的沉降可明显减少。

由式(3-4) 可知，不同杆体的内力与各杆体的相对刚度有关，在相同的截面情

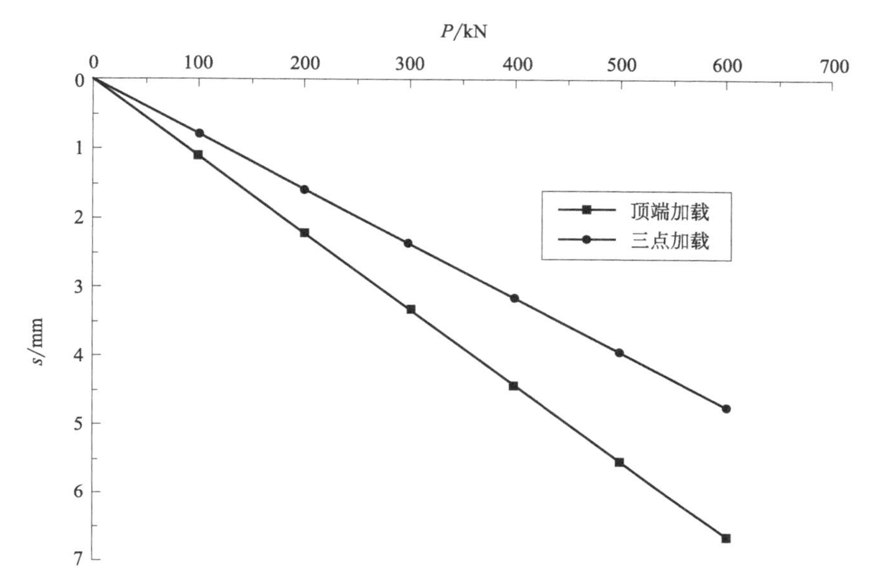

图 3-4　不同加载方式荷载-沉降曲线

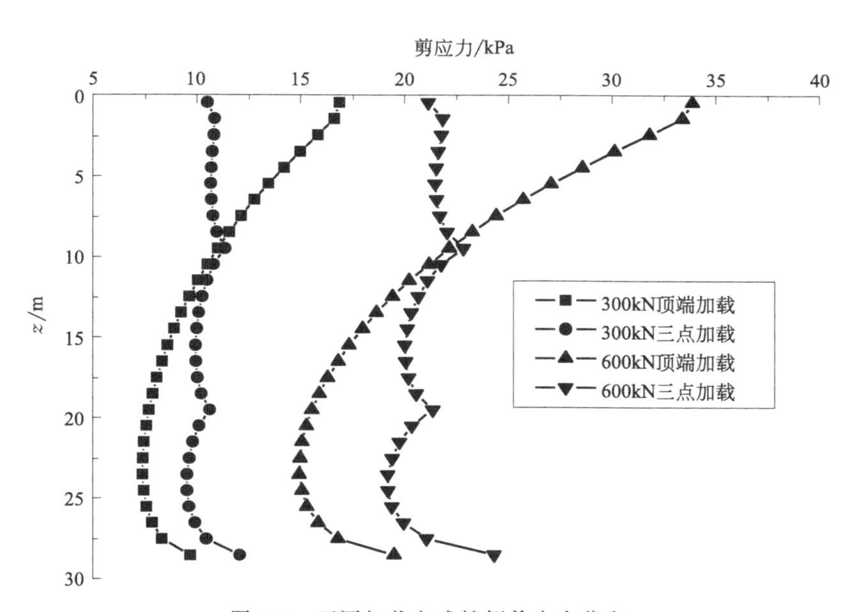

图 3-5　不同加载方式桩侧剪应力分布

况下，较长杆体内力较小，此时，不同深处杆体的内力不同。为此，研究不同荷载分配情况下桩的沉降和桩侧剪应力分布情况。下面分析采用上面分析相同的计算参数，在采用三点加载情况下短杆体、中杆体和长杆体的内力分配分为 4 种情况：

情况1：4/7F、2/7F、1/7F；情况2：1/2F、1/3F、1/6F；情况3：1/3F、1/3F、1/3F；情况4：1/6F、1/3F、1/2F。

图3-6和图3-7分别为桩的荷载-沉降曲线和桩侧剪应力的分布。

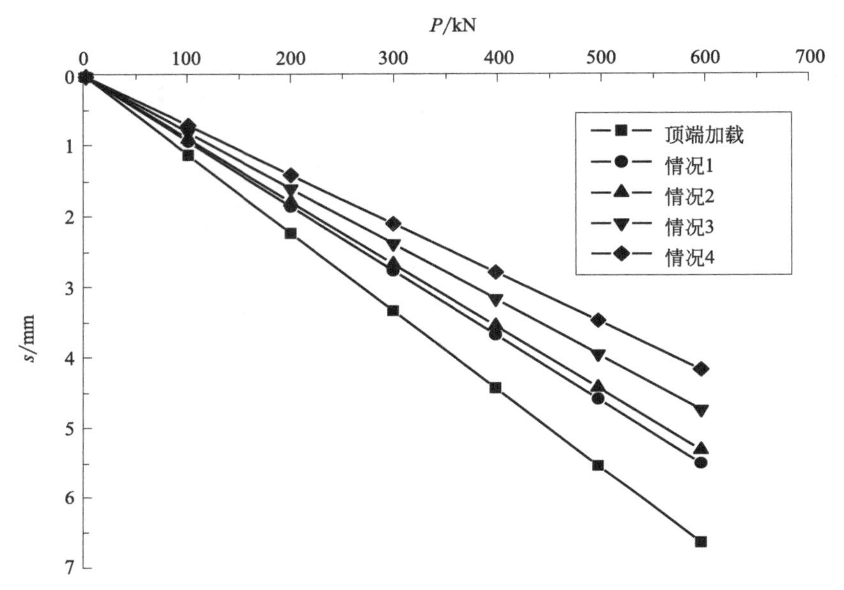

图3-6　不同内力分配方式的荷载-沉降曲线

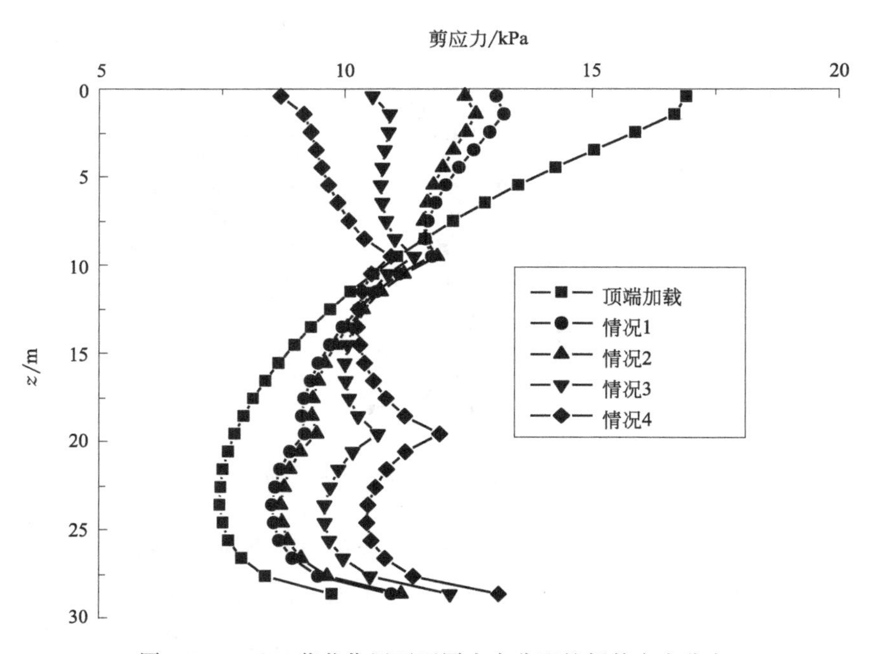

图3-7　300kN荷载作用下不同内力分配桩侧剪应力分布

由计算结果可知：

① 随着分配到深部的荷载增加，桩的沉降逐步减小。

② 随着分配到深部的荷载增加，桩侧的剪应力峰值随之向下移动。通常情况下越深部土层的极限剪应力越大，可见深部荷载比重的增加可充分利用土层的承载能力。

③ 若假定杆体长度的比例为1∶2∶4，则情况1荷载分配方式所对应的杆体截面面积比为$A_1:A_2:A_3=1:1:1$，情况2的杆体截面面积比为$A_1:A_2:A_3=1:4/3:4/3$，情况3的杆体截面面积比为$A_1:A_2:A_3=1:2:4$，情况4的杆体截面面积比为$A_1:A_2:A_3=1:4:12$。

由沉降曲线可知，不同荷载分配方式的沉降分别为顶端加载情况下的82.8%、79.9%、71.3%、62.6%。虽然分配到桩下部的荷载越多，桩的沉降越小，但是由于桩截面的空间有限，将增加施工难度，同时增加造价，而情况1和情况2的沉降降低幅值基本相同，从施工角度看，采用等截面施工相对容易，因此采用等截面杆体，一方面可较大幅度降低桩的沉降，另一方面施工也比较方便，是适宜的处理方法。

第4章

复合锚固桩单桩极限承载力

复合锚固桩作为改进型的微型桩，在承载能力、承载机理和工作性状上同其他桩是有区别的。现行规范对微型桩的设计方法未有提及，而研究表明微型桩的承载能力较高[1]，若照搬常规桩的设计方法将造成浪费。为了更科学、准确地确定复合锚固桩的承载能力，确保相关工程的安全性和经济性，研究其承载机理及其影响因素具有十分重要的工程实际意义。

对于单桩承载力的研究，最可靠、严谨的办法就是进行试桩的单桩静载试验，但是由于岩土工程的材料的复杂性，工程地质条件和施工步骤中的偶然性因素等，影响单桩承载特性的因素非常多，少量的单桩试验很难把握单桩荷载传递规律以及影响因素，而如果要进行大量的单桩静载试验，其成本又十分高昂。

有限元方法能够在较大程度上模拟单桩的现场试验，同时具有成本低、调整控制因素简便、能够排除偶然因素或者施工因素等不可预料情况的影响等优点，相对单桩静载试验具有一定的替代性，还能有针对性对某个参数或者影响因素进行比较详细的分析研究。

ABAQUS是一种功能强大、用于工程模拟的大型通用有限元软件，特别是对于非线性问题的处理具有优势。ABAQUS包括一个丰富的、可模拟任意几何形状的单元库，并拥有各种类型的材料模型库，可以模拟典型工程材料的性能，其中包括金属、橡胶、高分子材料、复合材料、钢筋混凝土、可压缩超弹性泡沫材料以及土壤和岩石等地质材料。

ABAQUS可以分析模拟高度非线性问题。在一个非线性分析中能自动选择相应荷载增量和收敛限度、选择合适参数，而且能连续调节参数以保证在分析过程中有效地得到精确解。用户通过准确定义参数就能很好地控制数值计算结果。ABAQUS优秀的分析能力和模拟复杂系统的可靠性，使其在国内外工业和研究中被广泛采用。

4.1　有限元模型

4.1.1　土本构模型的选择

在桩-土共同作用分析中，因为桩身材料受荷变形远小于土体，故将其作为弹性材料处理，因此模型中本构关系的选取主要是针对土体而言。

土是自然的产物，是由固体颗粒、水和气体组成的多相组合体，它的应力-应变关系十分复杂，具有非线性、弹塑性、黏塑性、剪胀性、各向异性等特性，同时应力路径、强度发挥度以及土的组成、结构状态和温度等均对其有影响。事实上目前尚没有任何一种模型能考虑所有这些影响因素，也没有任何一种模型能够适用于所有土类和加载情况，只能根据实际需求，选取用于解决实际问题的实用模型或者进一步揭示土体某些内在规律的理论模型。

目前常用的岩土体模型有剑桥模型、修正剑桥模型、摩尔-库仑模型、扩展 Drucker-Prager 模型等，而 ABAQUS 内置材料库中也提供了多种常用的岩土材料本构模型，包括摩尔-库仑模型、扩展 Drucker-Prager 模型、黏土塑性模型以及专用的混凝土破坏模型、混凝土开裂模型等，其中摩尔-库仑模型和扩展 Drucker-Prager 模型为我国岩土研究工作者常用的两种成熟模型，如何选择将在下面进行分析。

基于摩尔应力圆的摩尔-库仑屈服准则为描述岩土工程材料性质最常用的准则，其控制方程为：

$$f=(\sigma_1,\sigma_2,\sigma_3)=\frac{1}{2}(\sigma_1-\sigma_3)+\frac{1}{2}(\sigma_1+\sigma_3)\sin\varphi-c\cos\varphi=0 \tag{4-1}$$

式中，σ_1、σ_2、σ_3、分别为第一、第二、第三主应力；c 为黏聚力；φ 为内摩擦角。

扩展 Drucker-Prager 模型在偏平面上一般形状为分段圆滑曲线，且曲线间光滑连接。当扩展 Drucker-Prager 模型的屈服面在子午面上的形状为直线时，对于三轴压缩试验，屈服准则的控制方程为：

$$\sigma_1-\sigma_3+\frac{\tan\beta}{2+\frac{1}{3}\tan\beta}(\sigma_1+\sigma_3)-\frac{1-\frac{1}{3}\tan\beta}{1+\frac{1}{6}\tan\beta}\sigma_c^0=0 \tag{4-2}$$

对于三轴拉伸试验，则有：

$$\sigma_1-\sigma_3+\frac{\tan\beta}{\frac{2}{K}-\frac{1}{3}\tan\beta}(\sigma_1+\sigma_3)-\frac{1-\frac{1}{3}\tan\beta}{\frac{1}{K}-\frac{1}{6}\tan\beta}\sigma_c^0=0 \tag{4-3}$$

式中，β、K 为材料参数。

为保证扩展 Drucker-Prager 模型与摩尔-库仑模型所表述的三轴拉压状态下材料的破坏性质相同，则联立式(4-1)～式(4-3)，可知有以下等式必须满足：

$$K=\frac{1}{1+\frac{1}{3}\tan\beta}$$

$$\tan\beta = -\frac{6\sin\varphi}{3-\sin\varphi}$$

$$\sigma_c^0 = 2c\ \frac{\cos\varphi}{1-\sin\varphi}$$

联立可得 φ 和 K 的关系式为：

$$\sin\varphi = 3\left(\frac{1-K}{1+K}\right) \tag{4-4}$$

为保证偏平面上屈服面外凸，须有 $K \geqslant 0.778$，按照上式可推出等价于 $\varphi \leqslant 22°$，亦即当土体材料的内摩擦角大于22°时，扩展Drucker-Prager模型将不能很好地逼近Mohr-Coulomb模型。因此，考虑注浆改性后土体的内摩擦角都将大幅度提高，为保证精度，本书选择摩尔-库仑模型作为土体的本构模型。

4.1.2　桩-土界面的模拟

桩-土界面的数值模拟需要确定两个重要的因素：其一是接触面上的本构关系，尤其是剪应力和剪切变形之间的关系；其二是接触面单元的形式，它是有限元计算中用以模拟接触面变形的一种特殊单元。两者是互相联系的，接触面单元是为了表达接触面上的变形，接触面变形的表达则要适应所选用的接触面单元。

已经有很多学者[2-7]对接触面单元进行了深入的研究，提出的接触面单元模型很多。在实际的研究分析中，主要采用了两种接触单元模型，即无厚度单元和有厚度单元。

无厚度单元主要有Goodman单元和点面接触模型。Goodman等（1968）[8]提出的节理单元即Goodman单元能模拟接触面的相对滑移和张开，但当产生较大滑移、张开、重叠后往往引起解的不收敛；有厚度单元的研究者认为桩-土的接触是粗糙的，因而接触面的剪切破坏并不发生在桩-土的交界面上，而是在接触面附近形成了一个剪切错动带[9,10]；这个剪切错动带内土体的应力、变形性质明显不同于周围的土体，它代表了接触面的特性，因此可以采用有厚度的接触单元来模拟这个剪切错动带，同时可以避免两侧单元的相互嵌入。

Goodman单元对 K_n 的取值有一定随意性，取值不当将带来较大的误差；采用有厚度单元分析实际问题时则存在一个单元厚度的取值问题，两种单元均有各自的优缺点，实际上目前并不存在能完全模拟桩-土界面特性的单元，在实际工程中无厚度单元和有厚度单元都得到了广泛的应用，结果精度也足以满足工程

应用。

ABAQUS 软件中接触面采用的是三节点接触面单元，如图 4-1 所示。该单元相当于无厚度 Goodman 单元[11]，能够模拟桩-土之间的接触性状。

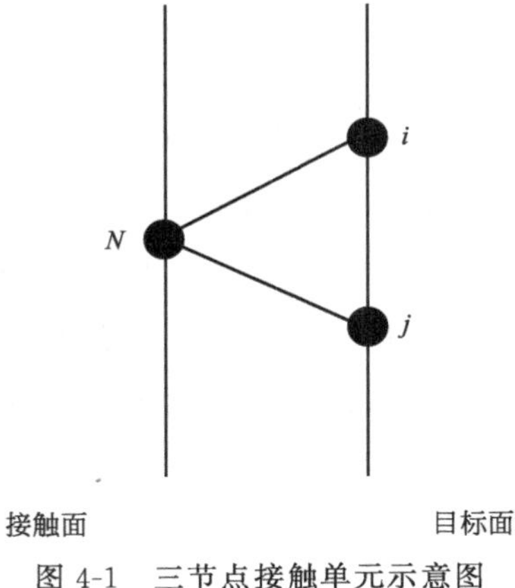

图 4-1 三节点接触单元示意图

本书的模拟中桩-土界面采用扩展的库仑摩擦模型（图 4-2）作为接触面的本构模型。接触面上存在两个互相垂直的剪应力分量 τ_1 和 τ_2，ABAQUS 中采用了一个被称为等效剪应力的值 $\bar{\tau}=\sqrt{\tau_1^2+\tau_2^2}$，$\bar{\tau}_{max}$ 即为界面在开始滑动之前所能承受的最大剪应力，当界面的剪应力在某一法向应力 P 作用下达到此值时，则界面进入滑动状态。

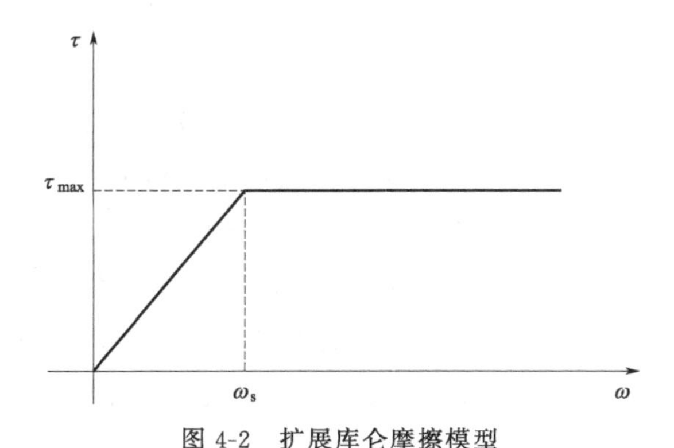

图 4-2 扩展库仑摩擦模型

其公式表述如下：

$$\begin{cases}\tau=K_s\omega & \omega<\omega_s \\ \tau=\mu P & \omega\geqslant\omega_s\end{cases} \tag{4-5}$$

式中，μ 为界面摩擦系数；P 为法向应力；K_s 为界面剪切刚度；ω 为接触面间的相对位移；ω_s 为极限弹性相对位移。

模拟理想的摩擦行为比较困难，因此 ABAQUS 使用一个允许在黏结的接触面之间所发生微量“弹性滑动”的罚摩擦公式，ABAQUS 自动地选择罚刚度，默认允许的“弹性滑动”是单元特征长度的很小一部分。罚摩擦公式适用于大多数问题，同时在计算成本上有着巨大优势，故本书中选用此模式。

4.2　模型组成及各参数的取值

在有限元计算中参数的选取是极为重要的，只有恰当合理的参数才能保证模拟所得的结果有实际价值。

由于复合锚固桩的桩径小、桩长相对较大，且桩体中非对称地分布着杆体，二维平面有限元模型无法准确地模拟其工作状态，因此本书建立三维有限元模型对其进行模拟，以求更好地切合实际。按照复合锚固桩的实际结构，有限元模型分为四个部分：桩周土体、注浆结石体、锚固体、传力杆体，如图 4-3 所示。

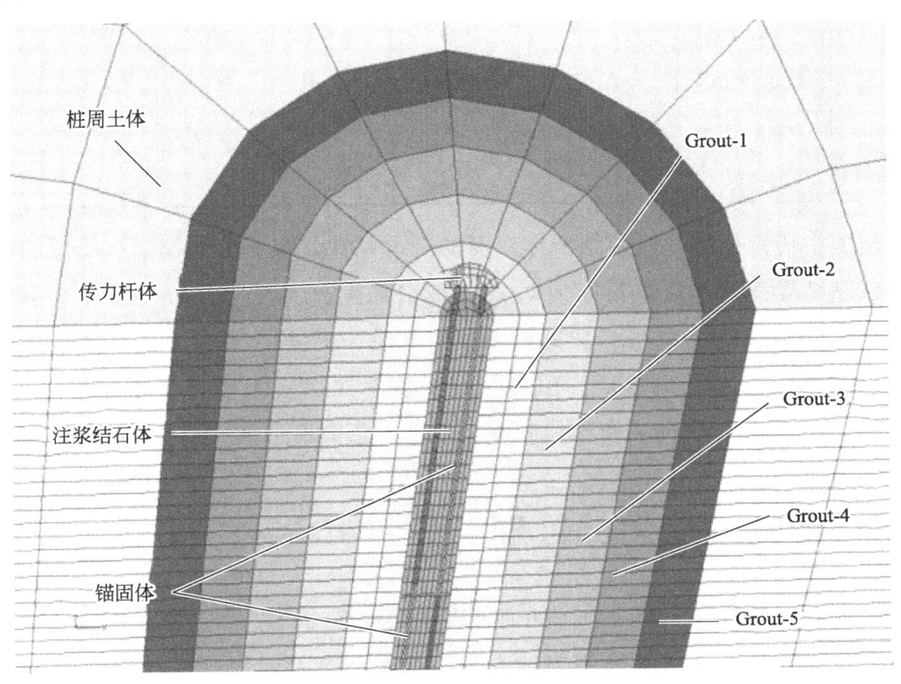

图 4-3　复合锚固桩有限元模型组成示意图

模型中桩周土体假设为理想弹塑性体，采用摩尔-库仑屈服准则来表述其工程力学性质，为模拟高压注浆对土体的改性增强作用，根据相关文献［12］假设注浆浆液以钻孔为中心呈柱状扩散，半径为1m，其改性作用引起的土体物理力学性质变化呈线性分布（Grout-1～Grout-5）；因注浆结石体和锚固体的强度相对土体来说高出很多，当桩-土界面发生破坏时远未达到极限承载状态，故在模拟中忽略这两者的塑性变形，假设其为理想弹性体。各部分的相关参数详见表4-1及表4-2。

表4-1　模型中各材料的物理力学参数

材料	密度/(kg/m³)	弹性模量 E_s/Pa	泊松比	内聚力/Pa	内摩擦角/(°)
杆体	7600	2.67×10^{11}	0.3	—	—
桩体	2200	1.33×10^{9}	0.2	—	—
地基土	1700	1.5×10^{7}	0.25	3×10^{5}	25

表4-2　模型中注浆改性土体的物理力学参数

材料	体积模量 K/Pa	剪切模量 G/Pa	密度 /(kg/m³)	内聚力 /Pa	抗拉强度 /Pa	内摩擦角 /(°)	膨胀角 /(°)
Grout-1	6.667×10^{7}	4×10^{7}	1950	1.5×10^{5}	5×10^{2}	28	0
Grout-2	5×10^{7}	3×10^{7}	1900	1.25×10^{5}	5×10^{2}	27	0
Grout-3	3.333×10^{7}	2×10^{7}	1850	1×10^{5}	5×10^{2}	26.5	0
Grout-4	2.333×10^{7}	1.4×10^{7}	1800	7.5×10^{4}	5×10^{2}	26	0
Grout-5	1×10^{7}	6×10^{6}	1750	5×10^{4}	5×10^{2}	25	0

模型中传力杆体与注浆结石体界面的摩擦系数，根据徐波等[13]所做的钢筋与砂浆黏结界面的相关试验取为0.75，黏结强度按照规范《岩土锚杆（索）技术规程》（CECS 22：2005）中的相关规定取值；桩体-土体界面的摩擦系数取为桩周改性土体内摩擦角的正切值，黏结强度参照《岩土锚杆（索）技术规程》（CECS 22：2005）中砂浆和土体的黏结强度推荐值取值。

4.3　初始地应力的处理

在岩土工程的数值模拟中，如何处理初始地应力是一个非常重要的问题。初始地应力影响着桩-土界面摩擦力的发挥，如果不能处理好这一问题则所得的结果将出现较大的错误。

ABAQUS中提供了专门用于岩土模拟的地应力平衡的指令 * GEOSTATIC，能够实现一些模型的地应力平衡。但是 * GEOSTATIC 的适用范围相对狭窄，仅对不太复杂的岩土结构有较高的精度，由于本书所建立的模型包括多个差异较大的部分，所以使用 * GEOSTATIC 指令所获得的结果精度较差，因此不使用此方式。

ABAQUS提供的另外一种施加初始应力的方法为 * initial conditions 指令，该指令将从文件中读取施加到每个单元的6个应力分量 S_{11}、S_{22}、S_{33}、S_{12}、S_{13}、S_{23}，因此具有很高的精度。本书所涉及的所有模型均先选取恰当的边界条件，施加重力荷载后输出每个单元重心的应力状态，再由 * initial conditions 指令读入。

采用此方式来达到地应力平衡，所得结果十分理想，土体初始位移可保持在 10^{-5}～10^{-4}m 数量级，达到分析要求。

4.4 单桩承载力模拟分析

本章的主要目的为研究复合锚固桩的承载性能，考察复合锚固桩承载力的影响因素，因此模型中桩体仅穿越单层均质土体，计算模型采用1/2对称模型，计算范围水平向为桩径的20倍，竖向为桩端以下桩长2倍。

设计桩长为9m、12m、15m、18m，设计桩径为100mm、180mm、240mm、300mm。

4.4.1 桩长对复合锚固桩承载力的影响

在其他条件相同的情况下，改变模型中复合锚固桩的桩长，数值模拟的结果见图4-4。

从图4-4中可以看出，桩长越大单桩的极限承载力就越大，同样荷载下长桩的桩顶位移要明显小于短桩，而且图中可见越长的桩后期刚度越大，越不容易出现突然失效。对于某特定位移值如 $s=20$mm，不同桩径、桩长的荷载数值如表4-3所示。以表中桩径300mm的桩为例，随着桩长增加到12m、15m、18m，承载力增幅分别为311kN、339kN和343kN，随桩长增加而提高的承载力幅度无降低趋势，证明分段承载能够有效调动桩长范围内的承载力，“有效桩长”效应的影响较低。

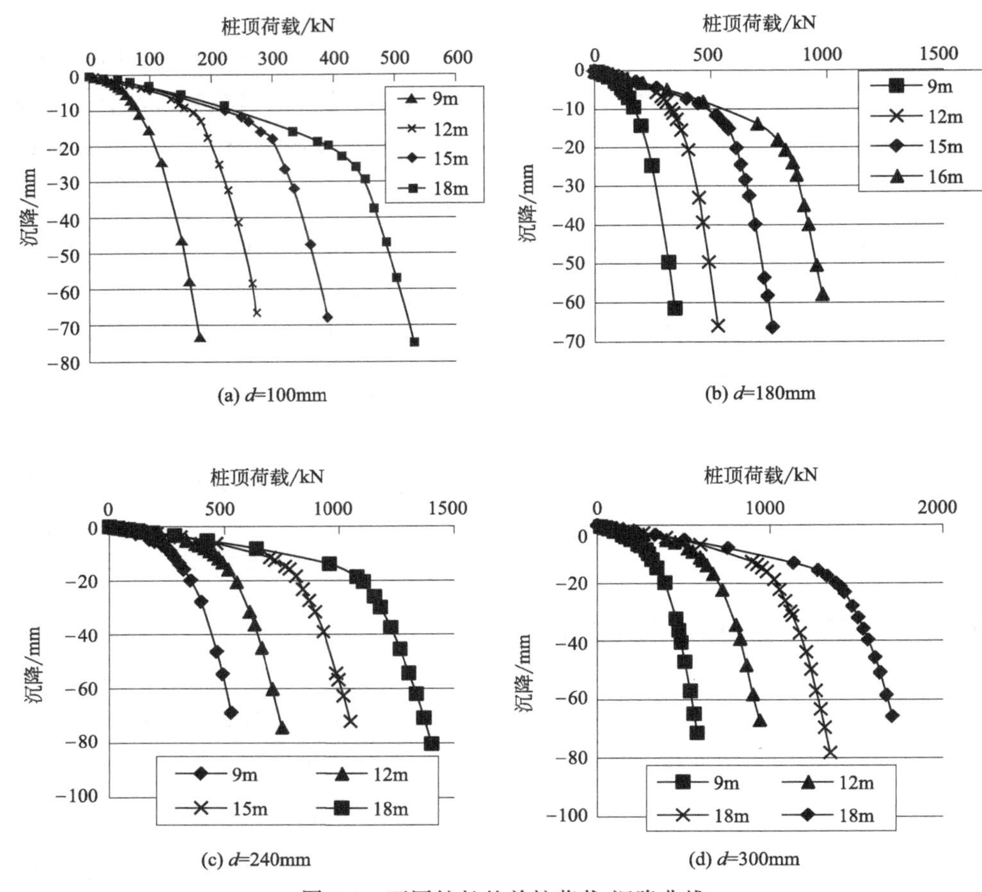

图 4-4　不同桩长的单桩荷载-沉降曲线

表 4-3　$s=20$mm 时单桩荷载对比　　单位：kN

桩径/mm 桩长/m	100	180	240	300
9	107.5	224.8	355	390
12	202	398.2	552	701
15	303	611	826.5	1040
18	392	785	1105	1383

4.4.2　桩径对复合锚固桩承载力的影响

在其他条件相同的情况下，改变模型中复合锚固桩的桩径，数值模拟的结果见图 4-5。

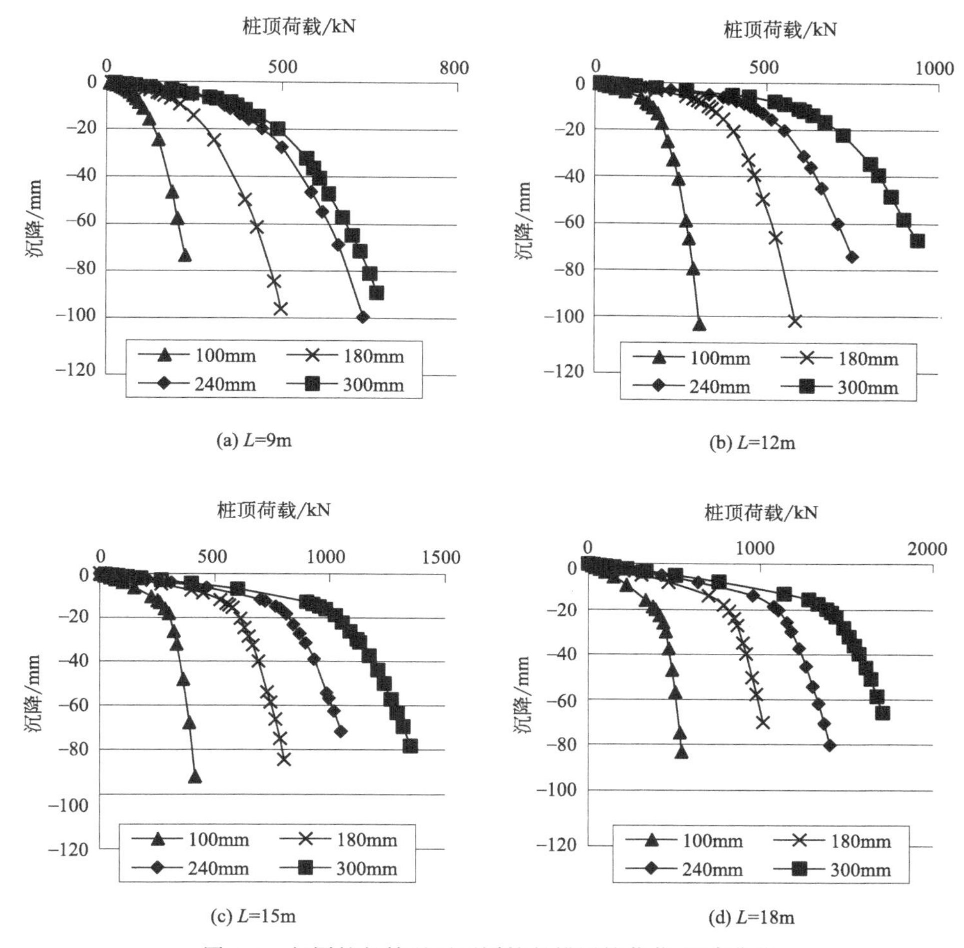

(a) L=9m

(b) L=12m

(c) L=15m

(d) L=18m

图 4-5　相同桩长情况下不同桩径锚固桩荷载-沉降曲线

从图 4-5 中可以看出，同桩长条件下直径较大的桩承载力也较大，但增加幅度则呈减小趋势，以表 4-3 中直径 100mm 桩的桩顶荷载为基准，桩长为 18m 的桩在桩径增加为 180mm、240mm、300mm 时的承载力增幅分别为 393kN、320kN、278kN，呈明显的降低趋势。

4.4.3　复合锚固桩极限承载力的估算

作为一种新型桩，复合锚固桩涉及桩、锚固、微型桩等多种技术范畴，而目前复合锚固桩的承载力在各规范中均无可借鉴的条文，为了能更合理、经济地应用复合锚固桩，本节在有限元模拟的单桩荷载-沉降曲线基础上，按照单桩静载试验操作规则［《建筑桩基技术规范》（JGJ 94—2008）］处理模拟所得的荷载-沉降曲线，陡降型曲线取陡降点处荷载值，缓变型曲线取6～8cm处的荷载值，得到各尺寸复合锚固桩的极限承载力，并与各规范中相应公式的计算结果对比，以便为工程应用中初步估算复合锚固桩的极限承载力提供参考。

详细的不同桩长极限承载力计算结果见表4-4～表4-8，规范公式中各参数的取值按照前述有限元模型中土体的属性查取。

表4-4　锚杆规范CECS 22：2005计算结果　　单位：kN

桩长/m \ 桩径/mm	100	180	240	300
9	212	382	509	636
12	283	509	678	848
15	353	636	848	1060
18	424	763	1017	1272

表4-5　JGJ 94—2008计算结果　　单位：kN

桩长/m \ 桩径/mm	100	180	240	300
9	159	320	461	619
12	204	402	569	755
15	250	483	678	890
18	295	565	786	1026

表4-6　微型桩修正公式计算结果[1]　　单位：kN

桩长/m \ 桩径/mm	100	180	240	300
9	191	385	553	743
12	245	482	683	906
15	299	580	813	1068
18	354	678	943	1231

表4-7　美国联邦公路局（FHWA）手册公式计算结果　　单位：kN

桩长/m \ 桩径/mm	100	180	240	300
9	161	290	387	483
12	215	387	515	644
15	268	483	644	805
18	322	580	773	966

表 4-8　ABAQUS 有限元模拟结果　　单位：kN

桩长/m \ 桩径/mm	100	180	240	300
9	194	384	530	618
12	287	509	708	940
15	309	611	842	1024
18	435	818	1077	1333

各公式的计算结果与有限元模拟结果的对比见图 4-6。

从图 4-6 中可以看出，当锚固桩的长度较短时，锚杆规范公式（CECS 22：2005）和修正公式的计算结果与数值模拟的结果较为贴近，而当桩长为 18m 时，两者的计算结果均低于数值模拟结果；综合而言，按照 CECS 22：2005 计算的值更接近数值模拟的结果，因此在实际工程中若需要估算复合锚固桩承载力时，可按照 CECS 22：2005 中相关规定进行计算。

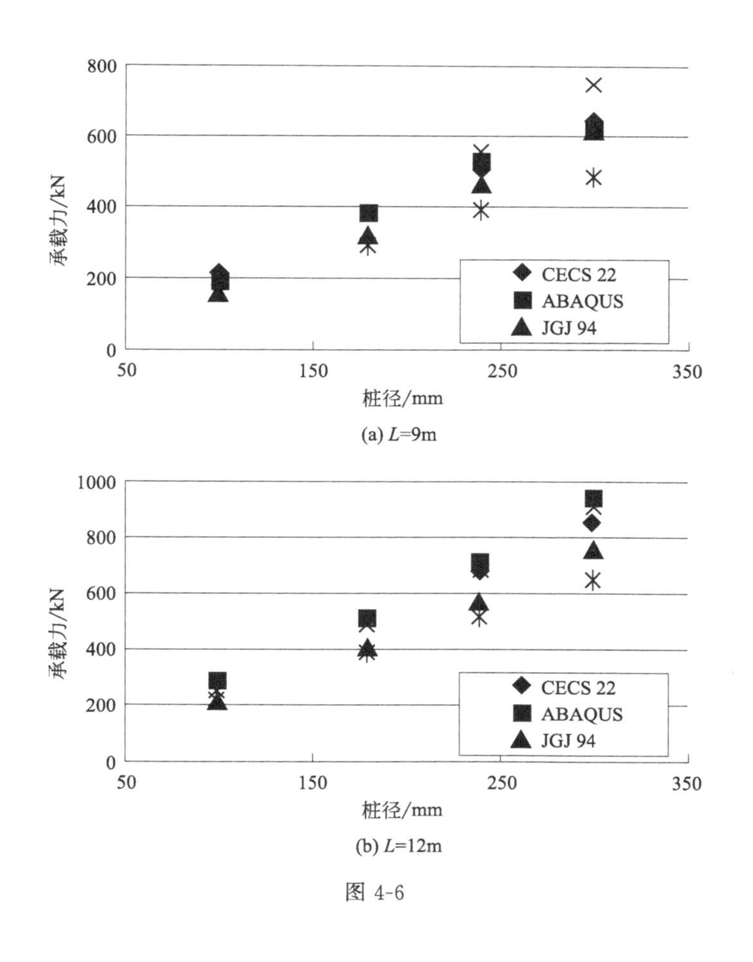

图 4-6

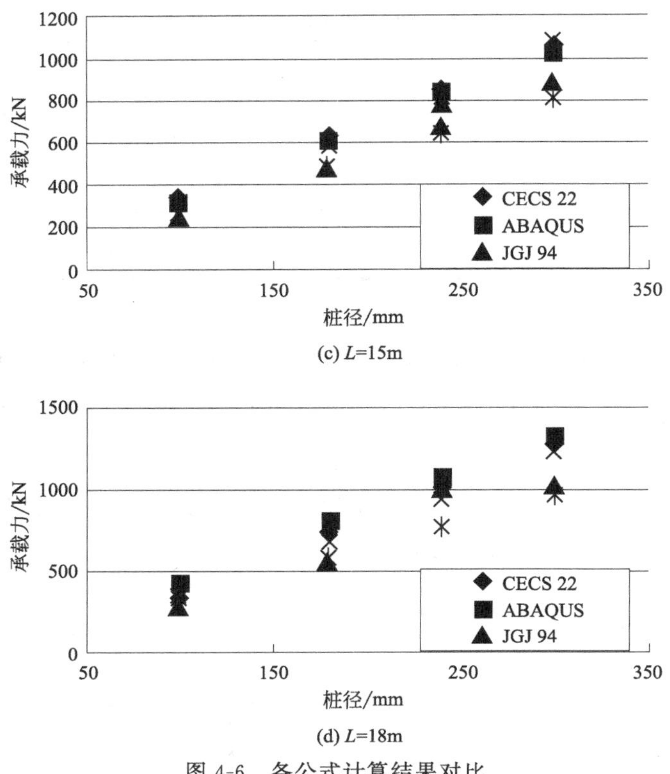

图 4-6　各公式计算结果对比

4.5　单桩屈曲稳定性分析

复合锚固桩由于自身桩径较小，导致长径比过大，这样的细长杆件在承受轴向荷载时存在着压曲破坏的可能性，因此在考察复合锚固桩极限承载力的同时，为了保证工程的安全性，还应对其工作状态下的稳定性进行验证。本节利用修正弧长法对复合锚固桩的屈曲稳定性进行了模拟分析。

4.5.1　修正弧长法

对桩身进行稳定性分析时，如图 4-7 所示，一旦所施加的桩顶荷载达到极限值或临界值，就会出现系统刚度矩阵的奇异，从而给系统方程组的求解带来困难，甚至可能导致求解的失败。此时，只有采用足够小的荷载增量逐渐逼近极限荷载，才可能获得极限荷载的近似值。但这需要多次反复试算出合适的加载步长，很不方便。

弧长法由 Riks 于 1972 年提出，并陆续得到不少学者的修正和完善。弧长法

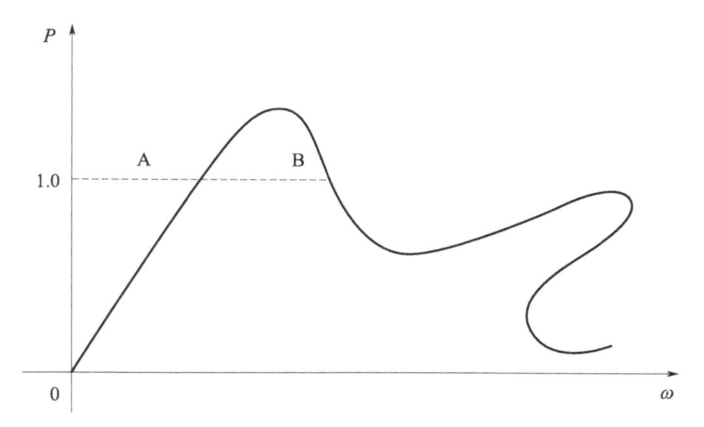

图 4-7　失稳状态下的荷载发展

将施加的荷载也作为一个未知量，通过同时约束荷载和位移向量来对非线性问题求解，能较好地计算临近极值点结构的反应和下降段问题。

它的基本思想是引入一个在几何上相当于解曲线弧长的参数，通过控制弧长参数来实现每个增量步，弧长的定义为：

$$\Delta l=\Delta\lambda_i\sqrt{v_i^N(v_i^N)^{\mathrm{T}}+1} \tag{4-6}$$

式中，Δl 为增加的弧长；$\Delta\lambda_i$ 为荷载增加系数；v_i^N 为位移增量与初次迭代得到的最大位移绝对值之比。

弧长法用于分析非线性失稳问题时，不仅能考虑刚度奇异失稳点附近的平衡，且通过追踪整个失稳过程中实际的荷载-位移关系来获得结构失稳前后的全部信息。这种能追踪屈曲后加载路径的特性使得弧长法对分析极限荷载等问题十分有效，并且可考虑各种非线性以及组合非线性（如材料非线性、几何非线性、边界条件非线性等）的影响。

复合锚固桩在同一钻孔内布置了多根杆体，而杆体本身为细长杆件，存在稳定性问题。如图 4-8 所示，当杆体体系承受上部荷载时，除了锚固段破坏、杆体本身材料屈服破坏之外，还有可能发生杆体弯曲，造成承载力急速下降，因此对于杆体系统本身的稳定性需要进行相应的验证。

采用常见的三根杆体的系统，杆体顶部设为仅能沿深度方向移动，三根杆体的位移相同，杆体的锚固端设为固定状态，杆体和注浆结石体之间的接触不考虑摩擦，只存在桩体对杆体侧向位移的限制作用；杆体和注浆结石体均采用弹性体本构模型；相关材料参数同前。建立实体模型之后在桩顶施加根据数值模拟所得复合锚固桩承载力（见表 4-8），使用修正弧长法对杆体系统的稳定性进行验算。

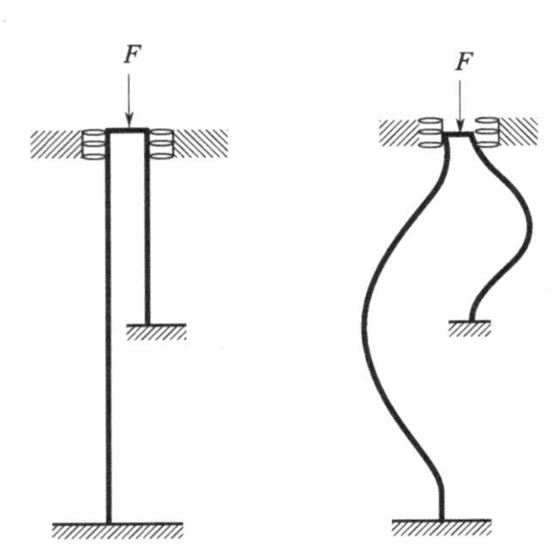

图 4-8 杆体受力后发生屈曲与模型组成示意图

典型的 LPF-ARC Length（L-A，荷载比例因子-弧长）曲线如图 4-9 所示，图 4-9(a) L-A 曲线中，LPF 达到某一数值后不再增加，沉降-荷载曲线存在明显的突降点，此处荷载不增加而位移不断增加，说明结构失去稳定；图 4-9(b) L-A 曲线存在下降转折点，说明修正弧长法通过平衡方程在平衡路径上解得的 LPF 值已经变为负值，虽然荷载-位移曲线仍然处于直线段，但材料的应力-应变关系已经发生了变化，未到极限荷载，已经发生材料失稳。

根据此判别准则，分别对不同桩径、不同桩长的复合锚固桩的稳定性进行了模拟计算，由于实际工作状态中，杆体系统被注浆结石体所包围，侧向位移受到限制，稳定性将因此而提高，为模拟这一相互作用的效果，在杆体和注浆结石体之间设无摩擦的接触面来限制杆体的侧向位移，桩体下端设为固定，各材料参数同前，取荷载比例因子-弧长曲线的拐点处荷载为极限失稳荷载，所得结果见表 4-9。

表 4-9 复合锚固桩失稳荷载 单位：kN

桩长/m \ 桩径/mm	100	180	240	300
9	247	1394	3885	8461
12	132	731	2388	3731
15	84	490	1423	2884
18	63	401	1152	2600

从表 4-9 中可以看出，当桩长较短时，小直径桩的失稳荷载超过极限承载力，复合锚固桩处于稳定状态；而当桩长较长时，小直径桩的失稳荷载数值迅速降低，18m 桩的失稳荷载远低于极限承载力。

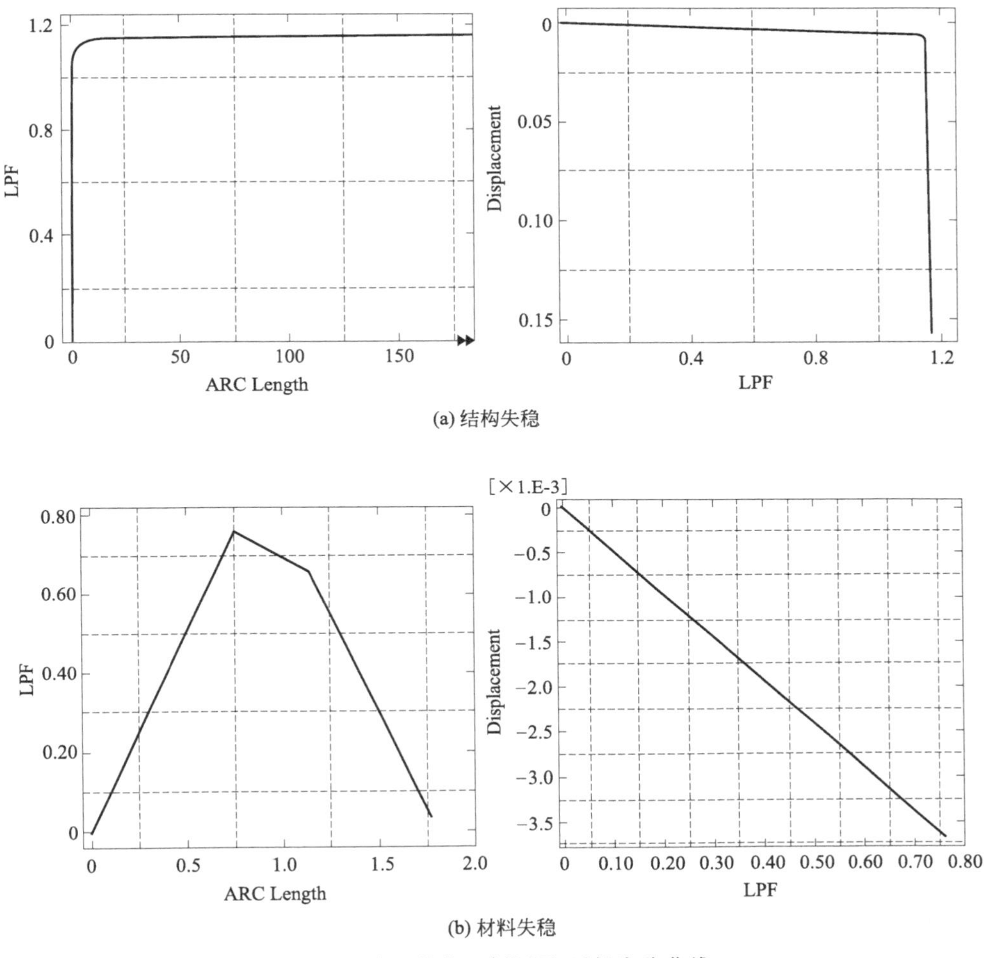

(a) 结构失稳

(b) 材料失稳

图 4-9　典型荷载比例因子-弧长失稳曲线

然而必须注意，上述结果是在“桩身自由无约束”的前提下所得，而在实际工程中，不但杆体被桩体所约束，桩体本身也被周围的改性土体所包围，桩身同样处于受限制状态，因此实际工程中处于桩周改性土体包围的桩体其极限失稳荷载还会大幅提高。

为验证此结论，选择最易失稳的桩长 18m、桩径 100mm 的复合锚固桩，模拟其置于改性土体包围中的稳定性，同样对于杆体-桩体和土体-桩体接触面间均不考虑摩擦，仅起限制侧向位移的作用，桩体、杆体的材料参数同前，土体采用摩尔-库仑本构模型。

模拟所得的 L-A 曲线和沉降-荷载曲线如图 4-10 所示。

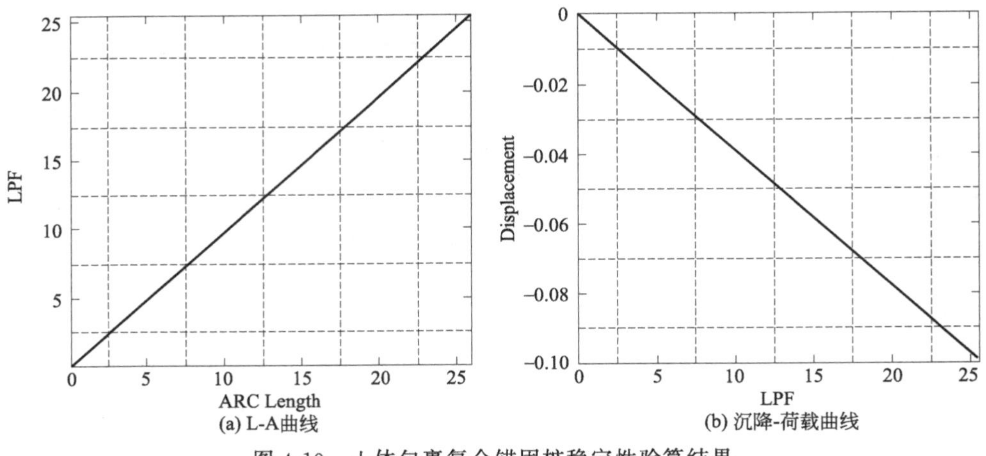

(a) L-A曲线
(b) 沉降-荷载曲线

图 4-10　土体包裹复合锚固桩稳定性验算结果

从图 4-10 中可以看出，在验算荷载已经达到原失稳荷载 20 多倍时，L-A 曲线和沉降-荷载曲线仍未出现拐点或突降点，证明在土体包裹状态下，原本稳定性差的长桩在极高荷载下依然处于稳定状态。

4.5.2　桩身轴线倾斜对稳定性的影响

复合锚固桩的施工过程中存在钻孔工序，而钻机在钻进过程中并不容易确保垂直，经常会出现角度微小的桩身轴线偏斜，对于细长杆件来说轴线的倾斜将严重降低其稳定性，故需要分析桩身轴线倾斜角度对稳定性的影响。

按照与前述模型同样的参数建立复合锚固桩单桩倾斜模型，桩身轴线和垂向的夹角分别为 0.2°、0.5°和 0.8°。计算结果见图 4-11。

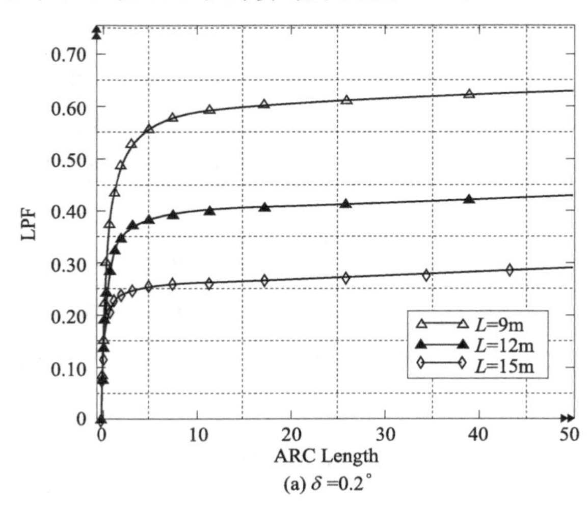

(a) $\delta=0.2^{\circ}$

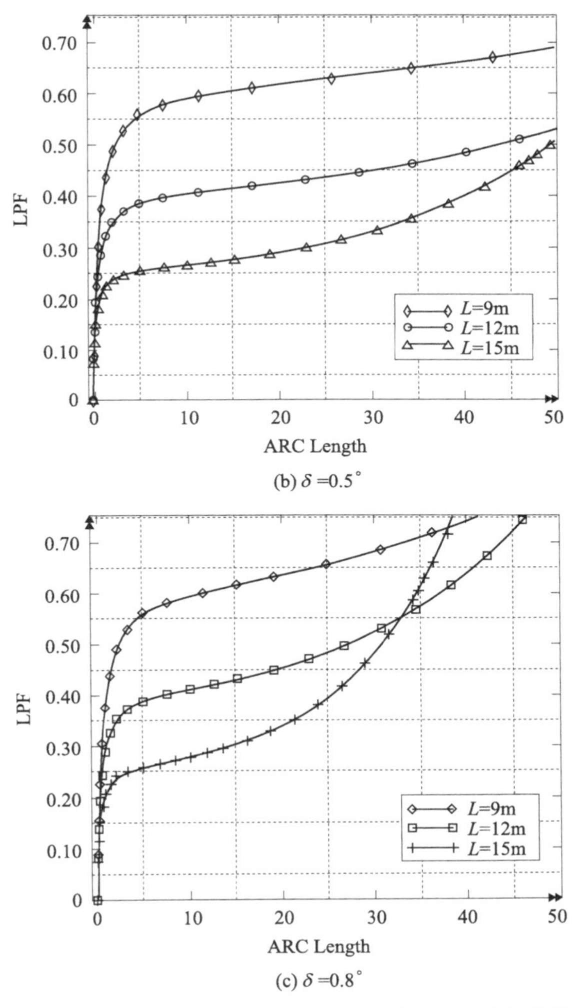

(b) δ =0.5°

(c) δ =0.8°

图 4-11 不同倾斜角度下单桩荷载比例因子-弧长曲线

从图 4-11 中可以看出，轻微的倾斜角度即令单桩的稳定性急速削弱，较长的桩的稳定性较差，而倾斜角度的变化对极限失稳荷载影响较小，只影响失稳之后的荷载响应。

同样，此结论也是在独立单桩、桩身自由无约束的基础上得出的，实际工作状态下单桩被注浆改性土体包围，考察稳定性差的 15m、δ＝0.8°的桩体在土体包围中的荷载比例因子-弧长曲线，结果见图 4-12。土体同样仅起支持作用，桩-土界面无摩擦力。

从图 4-12 中可见，土体包围中倾斜单桩在两倍极限荷载下仍未出现失稳迹

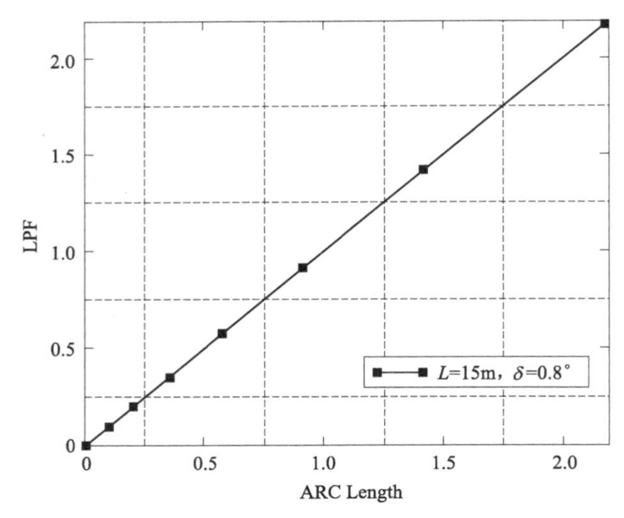

图 4-12　土体包围中单桩的荷载比例因子-弧长曲线

象，联系前述分析，可以认为复合锚固桩在实际工作状态下基本不需考虑桩体的稳定性问题。

综合上述分析，可以认为：复合锚固桩的稳定性随着桩长的增加而减弱，直径越小稳定性越差；而桩周改性土体的存在则可以极大地提高桩体的稳定性，对倾斜的桩身也能起到良好的支持作用，理论上复合锚固桩可以不考虑稳定性问题；但考虑到实际施工中注浆质量等偶然性因素的影响，安全起见，建议超过15m 的复合锚固桩，桩径不应小于 180mm，超过 12m 的复合锚固桩，桩径不应小于 100mm。

4.6　复合锚固桩倾斜角度与水平承载力

复合锚固桩作为微型桩的一种，其优点之一是可以以与直桩几乎相同的成本布置斜桩，但是对于斜桩的研究，国内外所做的工作相对较少，主要集中在室内试验阶段。加拿大的 Meyerhof[14] 做了一些关于微型桩的试验，但主要偏重偏心和倾斜荷载方面的研究，国内学者云天铨[15]、赵学勤等[16] 也进行了相关研究，得到了一些有价值的结论，但未见用于工程实际。

复合锚固桩由于在微型桩技术的基础上结合了“多次分段高压注浆”工艺，其承载行为比微型桩更为复杂，为了能够更好地在工程中使用这一优良的技术，结合试验资料，采用通用的非线性有限元程序 ABAQUS 对不同倾斜角度的复合锚固桩承载力进行了数值模拟计算（图 4-13）。

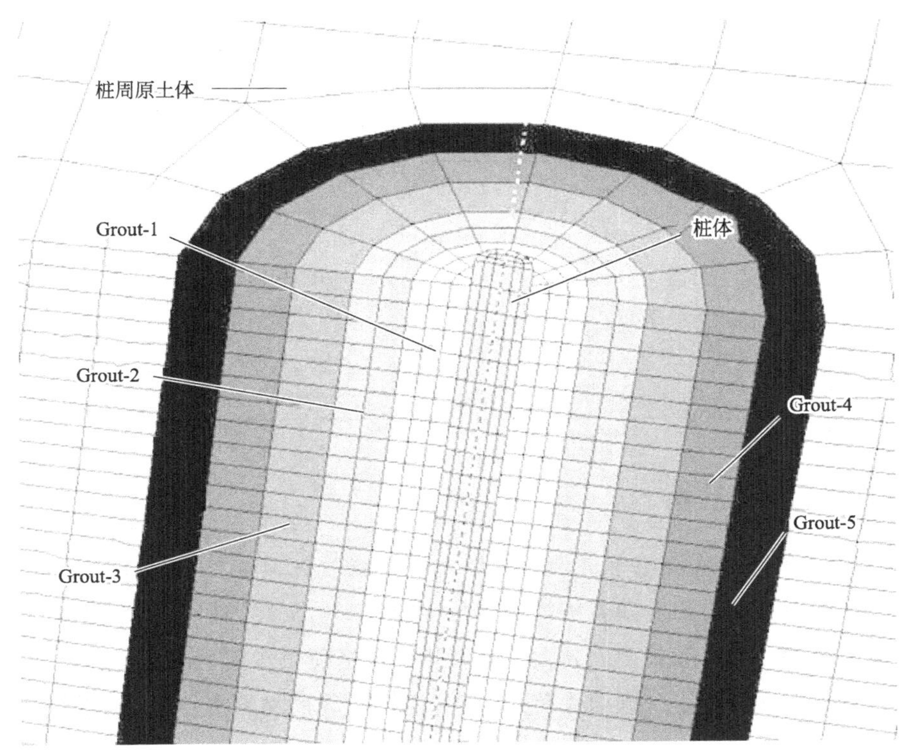

图 4-13　复合锚固桩有限元模型

4.6.1　计算模型

复合锚固桩桩径取为 200mm，桩长为 4m，使用 2 根 ϕ22mm（长度分别为 4m、2m）钢筋作为锚杆，依照工程中斜孔施工的实际情况，模型中桩的倾斜角度定为 0°～30°。模拟中桩体与锚杆使用弹性体，地基土和注浆改性土体采用 M-C 体，相关参数如表 4-10 所示。

表 4-10　模型中各材料的物理力学参数

项目	密度/(kg/m^3)	弹性模量 E_s/Pa	泊松比	内聚力/Pa	内摩擦角/(°)
面层	2400	3.11×10^{10}	0.2	—	—
锚杆	7600	2.67×10^{11}	0.3	—	—
桩体	2200	1.33×10^{9}	0.2	—	—
地基土	1700	1.5×10^{7}	0.25	3×10^{5}	25

为模拟压力注浆对土体的改性作用，假设压力注浆土体改性为均匀的，且沿

注浆孔中心向外侧引起土体改性程度为线性分布，根据文献［17］，采用如表 4-11 所示的土体物理力学参数（表中 Grout-1～Grout-5 逐渐远离注浆孔），并认为注浆主要影响半径为 1m。

表 4-11　模型中注浆改性土体的物理力学参数

项目	体积模量 K/Pa	剪切模量 G/Pa	密度 /(kg/m³)	内聚力 /Pa	抗拉强度 /Pa	内摩擦角 /(°)	膨胀角 /(°)
Grout-1	6.667×10^{7}	4×10^{7}	1950	1.5×10^{5}	5×10^{2}	28	0
Grout-2	5×10^{7}	3×10^{7}	1900	1.25×10^{5}	5×10^{2}	27	0
Grout-3	3.333×10^{7}	2×10^{7}	1850	1×10^{5}	5×10^{2}	26.5	0
Grout-4	2.333×10^{7}	1.4×10^{7}	1800	7.5×10^{4}	5×10^{2}	26	0
Grout-5	1×10^{7}	6×10^{6}	1750	5×10^{4}	5×10^{2}	25	0

4.6.2　模拟分析

图 4-14 为复合锚固桩单桩承受同样水平荷载时桩顶位移与桩体倾斜角度的关系，从图中可以看出，随着桩体倾斜角度的改变，复合锚固桩单桩的桩顶位移量基本呈线性变化，倾斜角度越大，其在相同水平荷载作用下的桩顶位移就越大（逆向受荷），或者越小（顺向受荷），同时模拟计算的结果显示，复合锚固桩桩

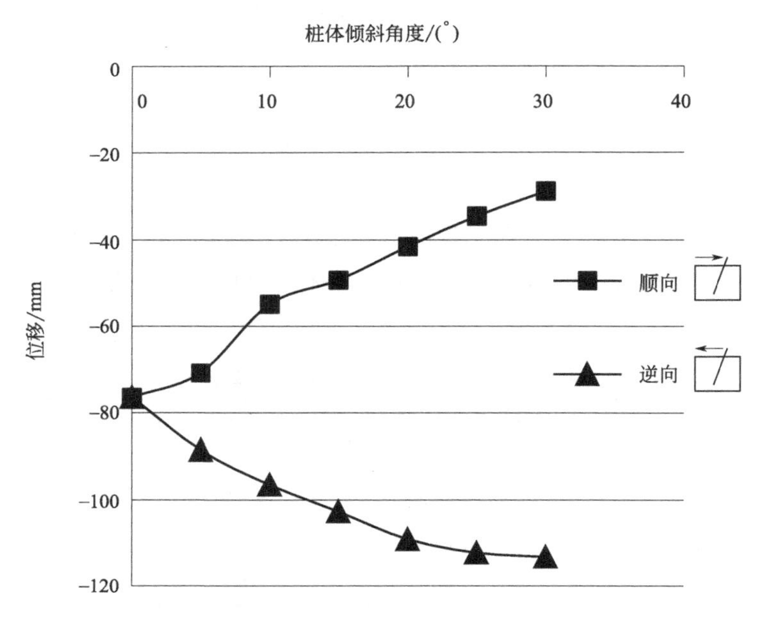

图 4-14　相同水平荷载下不同倾斜角度复合锚固单桩桩顶位移

顶水平位移曲线与微型桩不同，没有明显的陡降点。

实际工程中，复合锚固桩由于自身桩径较小的特点，基本上不存在单桩承载的情况。因此，为了给实际工程提供更有价值的参考，主要进行了不同倾斜角度的斜-直、斜-斜组合双桩的数值模拟，按照实际施工，模型中桩顶间距为 3m，桩顶为 20cm 的混凝土面层，内配纵横间距均为 0.2m 的 ϕ10mm 钢筋网。模拟所得结果如图 4-15、图 4-16 所示。

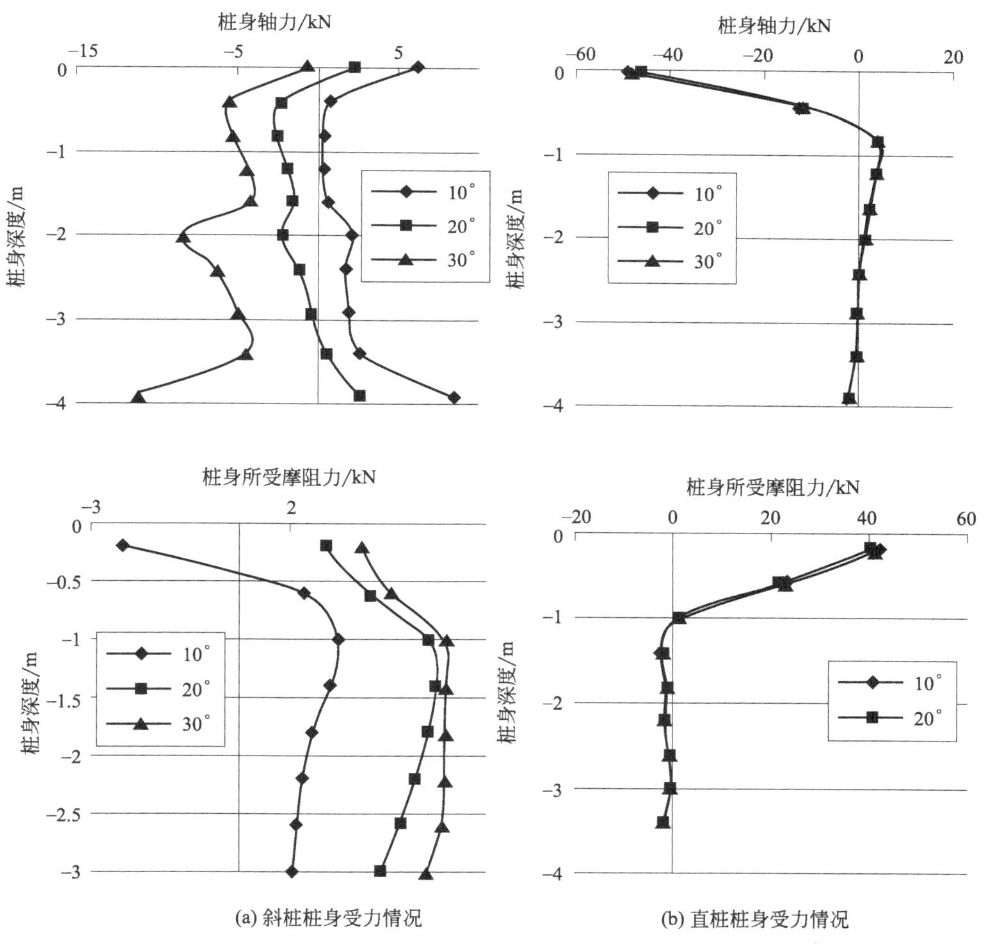

(a) 斜桩桩身受力情况　　(b) 直桩桩身受力情况

图 4-15　斜-直双桩受水平荷载作用下桩身受力情况（顺向受荷）

图 4-15、图 4-16 为斜-直组合双桩承受水平荷载时的桩身受力情况。从图中可以看出，承受水平荷载时，组合双桩中直桩的受力情况基本相同，分担的荷载几乎固定，其值与斜桩倾斜角度以及荷载方向无关，而斜桩所受的轴力以及摩阻力则随着倾斜角度的增大不断增加，证明斜-直双桩组合受水平荷载时，斜桩承

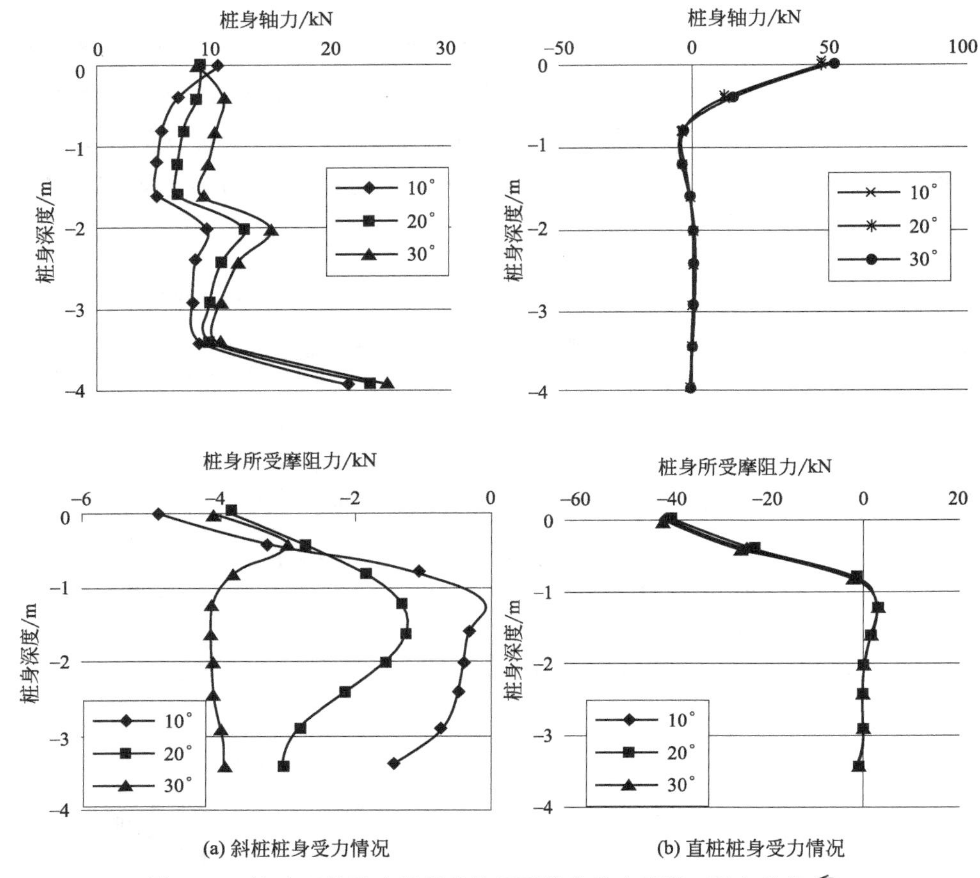

图 4-16　斜-直双桩受水平荷载作用下桩身受力情况（逆向受荷）

担了主要的承载角色。

同时可以看出，在顺向受荷状态下，斜桩的桩身随着角度的增大从受拉状态过渡到受压状态，摩阻力的增加呈现减缓的趋势，证明荷载传递给桩端土的比例随着倾斜角度的增加逐渐增大，而逆向受荷状态时情况则正好相反，斜桩桩身处于受拉状态，所受的轴力增加幅度较小，所受负摩阻力则迅速增加，证明荷载传递给桩周土层的比例增大。

从图 4-17 中可以看出，当斜-斜双桩承受水平荷载时，两根斜桩的受力情况基本与斜-直双桩中相似受力状态的斜桩相同，证明当水平荷载增加时，两根斜桩都会分担更多的荷载，因此可以获得更高的水平承载力。

表 4-12 为相同水平荷载作用下不同组合的双桩桩顶位移值，水平荷载的值取斜-斜组合双桩的极限水平承载力（按照 JGJ 94—2018 取桩顶位移 10mm 处的

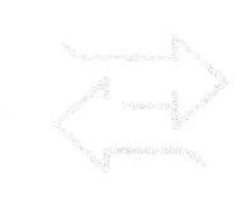

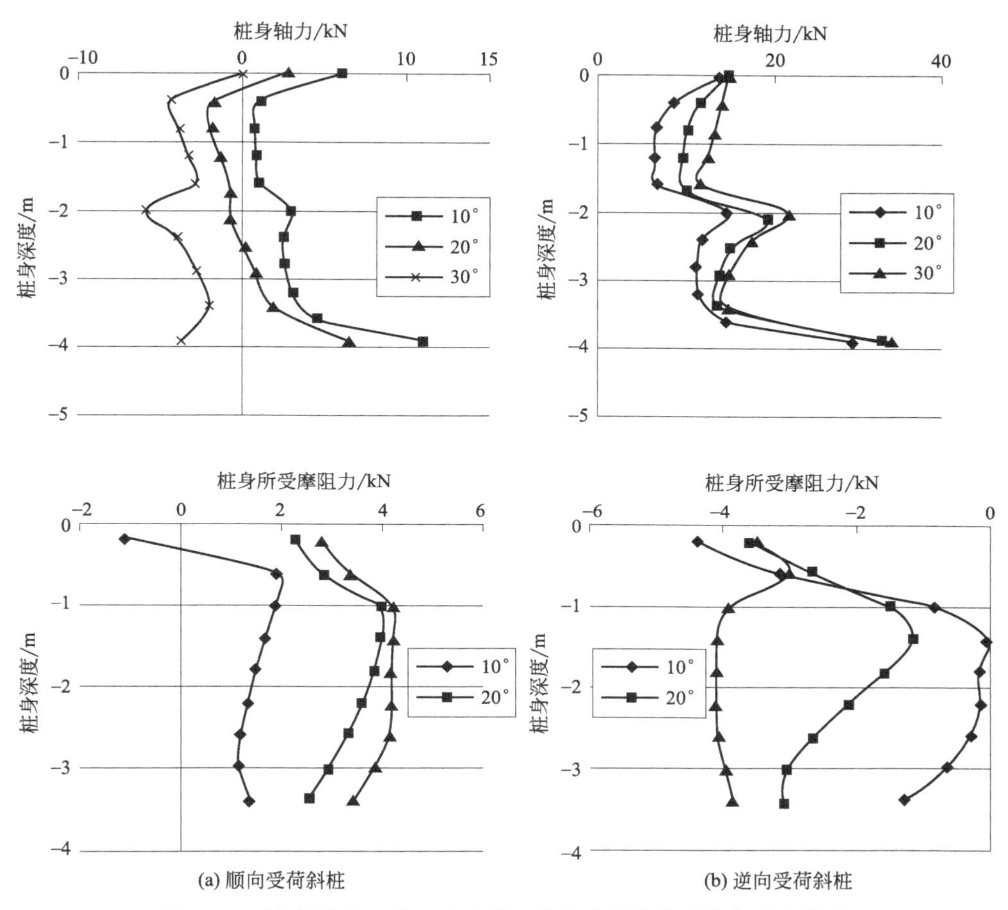

图 4-17 斜-斜组合双桩（八字形）承受水平荷载时桩身受力情况

值）。从表中可以看出，斜桩的存在大幅度提高了水平承载力（169%～221%），同时，同类型组合双桩的极限水平承载力基本是随倾斜角度线性增加，而随着倾斜角度的增大，不同组合方式的双桩桩顶水平位移差距迅速变大。

表 4-12 相同荷载下不同组合方式双桩的桩顶水平位移

倾斜角度/(°)	极限承载力/kN	斜-斜组合双桩/mm	斜-直桩顺向/mm	斜-直桩逆向/mm
0	113	—	—	—
10	192	10	11	11.2
20	220	10	11.5	12.05
30	250	10	12.3	14.3

综合上述分析，可以认为，随着桩体倾斜角度的增加，复合锚固桩水平承载力基本呈线性变化。斜-直组合双桩对荷载的方向敏感，逆向受荷时承载力下降。

相同情况下，八字形斜-斜组合双桩能够提供最大的水平承载力。

参考文献

[1] Cantoni R，Collotta T，Ghionna V N，et al. A design method for reticulated micropiles structure in sliding slopes [J]. Ground Engineering，1989，22 (1)：41-47.

[2] 段文峰，廖雄华，金菊顺，等．桩-土界面的数值模拟与单桩 *Q-S* 曲线的数值分析 [J]．哈尔滨建筑大学学报，2001，34 (5)：34-38.

[3] 钱晓丽，吴国祥，毕传华．大直径桩非线性模拟分析的有限元法 [J]．黑龙江科技学院学报，2002，12 (2)：26-30.

[4] 高忠．单桩轴向荷载传递的理论分析 [J]．山西建筑，2003，29 (17)：27-28.

[5] 宋和平，张克绪，胡庆立．考虑桩-土接触面及桩底土非线性的单桩 *Q-S* 曲线分析 [J]．哈尔滨建筑大学学报，2000，33 (1)：41-45.

[6] 施景勋，叶国深．匀质地基中桩土间力传递的边界元模拟 [J]．岩土工程学报，1994 (6)：64-72.

[7] 娄奕红，刘喜元．桩土相互作用的有限元-无界元分析 [J]．城市道桥与防洪，2004 (2)：33-38.

[8] Goodman R E，Taylor R L，Brekke T A. A model for the mechanics of jointed rock [J]. Journal of Soil Mechanics and Foundation Division，ASCE，1968，94 (3)：637-659.

[9] 殷宗泽，朱泓，许国华．土与结构材料接触面的变形及其数学模拟 [J]．岩土工程学报，1994，16 (3)：14-22.

[10] 陈开旭，安关峰，鲁亮．采用有厚度接触单元对桩基沉降的研究 [J]．岩土力学，2000，21 (1)：92-94.

[11] 朱向荣，王金昌．ABAQUS 软件中部分土模型简介及其工程应用 [J]．岩土力学，2004 (S2)：144-148.

[12] 吴顺川．压力注浆复合锚固桩地基处治理论研究及工程应用 [D]．北京：北京科技大学，2004.

[13] 徐波．粘结型锚杆锚固理论与试验研究 [D]．大连：大连理工大学，2006.

[14] Meyerhof G G. Behaviour of Pile Foundations under Special Loading Conditions：1994 RMHardy Keynote Address [J]. Canadian Geotechnical Journal，1995，32：204-222.

[15] 云天铨．线荷载积分方程法分析桩顶受任意荷载的弹性斜桩 [J]．应用数学和力学，1999，20 (4)：351-357.

[16] 赵学勤，李达祥，王安玲，等．组合斜孔桩变形机理的试验研究 [A]．中国土木工程学会第三届土力学及基础学术会议论文集，1981.

[17] 吴顺川．压力注浆复合锚固桩地基处治理论研究及工程应用 [D]．北京：北京科技大学，2004.

第5章

复合锚固桩群桩特性

由于桩径较小，复合锚固桩在通常情况下基本不存在采用单桩承载的情况，更普遍的是采用群桩的方式承受上部荷载，因而对复合锚固桩群桩效应进行分析研究，以便能够更好地为实际工程应用提供参考是很有必要的。

当桩之间的距离较近时，桩的受力和变形将相互影响而产生群桩效应。最近几十年来，不同学者在试验分析和理论研究的基础上，对群桩效应的机理开展广泛的研究，并取得富有意义的研究成果。目前常用的分析方法有经验公式法、等代墩基法、弹性理论法、剪切位移法和数值分析方法等。

Poulos 的弹性理论法在单桩计算结果的基础上，运用弹性理论叠加原理，将弹性介质中两根桩的计算结果按相互作用系数方法扩展至群桩，对于图 5-1 所示的两根桩，与单桩分析相同，把两根桩分成 n 个单元。按照单桩的分析公式，求得各单元的应力和位移后，应用 Mindlin 解求得对邻近桩的位移值。

$$\{s\}=\frac{d}{E_{s}}[I^{1}+I^{2}]\{p\} \tag{5-1}$$

式中，$[I^1]$为桩 1 对自身的影响系数矩阵；$[I^2]$为桩 2 对桩 1 的位移影响系数。

Caputo 和 Viggiani（1984）对两根桩做了详细的相互作用试验[1]，桩荷载试验在意大利的那不勒斯进行。在每个荷载试验阶段测量了受荷桩和邻近无荷载-桩桩顶位移。受荷桩的荷载-位移曲线呈现高度非线性，然而相邻的无荷桩的荷载-位移曲线是线性关系；因此相互作用只发生在弹性部分，而塑性部分的变形对邻近桩几乎不产生影响，在此基础上提出了考虑桩-土界面非线性的相互作用的计算方法。

采用弹性理论法进行群桩分析的主要问题是：①没有考虑桩-土截面非线性变化对相互作用的影响；②相互作用系数与外加荷载无关；③没有考虑桩的“加筋效应”对桩的附加沉降的影响，从而过高估计桩与桩的相互作用，使计算得到的沉降值偏大。陈仁朋等[2] 的研究结果表明，桩-土界面之间的非线性变形导致相互作用系数是荷载的函数，而胡德贵等[3] 的研究表明，加筋效应能够显著地降低相互作用系数，为此本书在单桩分析的基础上，进一步提出考虑加筋效应的群桩非线性分析方法。

5.1　考虑加筋效应的群桩非线性分析方法

为论述方便，以图 5-1 所示的两根桩为例对考虑加筋效应的群桩非线性分析

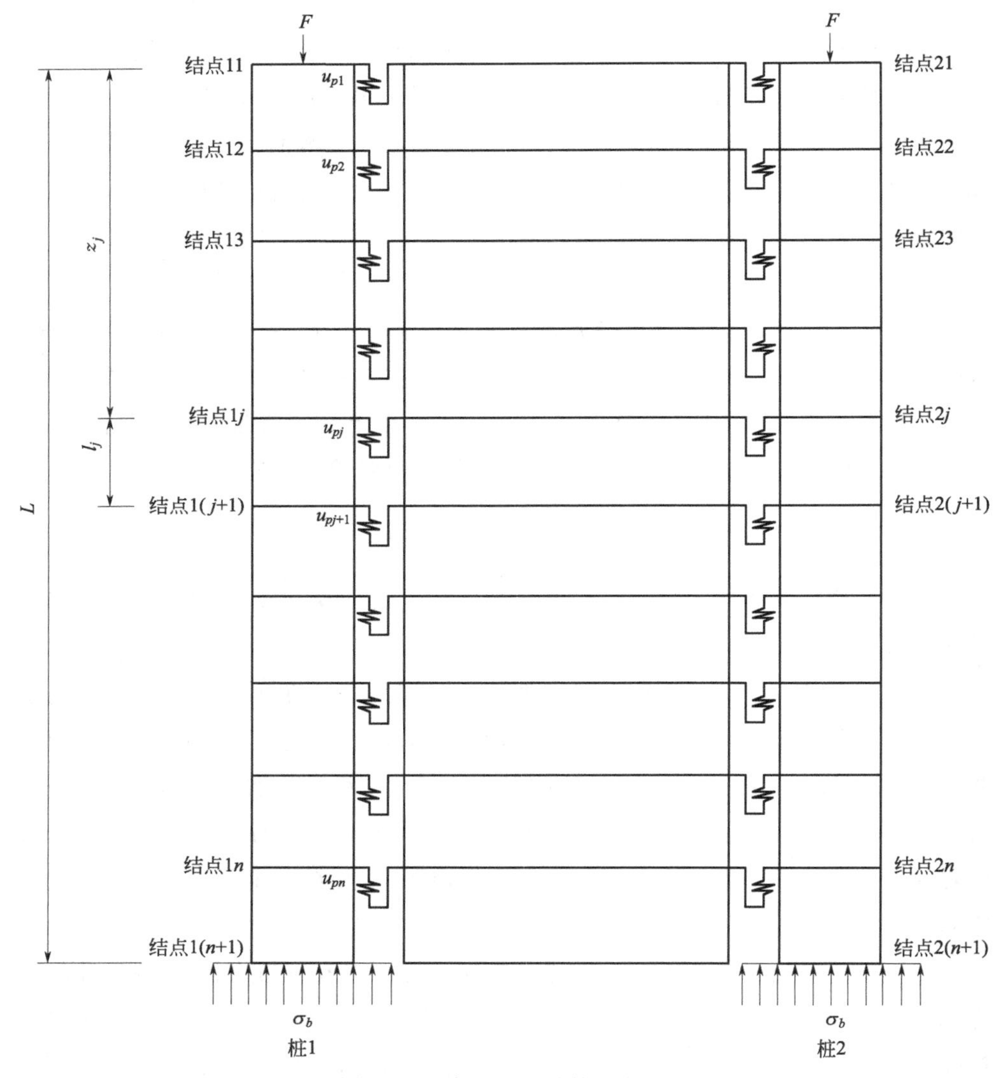

图 5-1　相邻两根桩计算示意图

方法进行论述。其计算模型建立过程如下：

① 对两根桩进行单元划分，假定每根桩都划分为 n 个单元，同时土体也相应划分为 n 个单元；

② 对桩和土体分别进行编号，则桩 1 和桩 2 分别有 $n+1$ 个结点，在桩相对应位置土体也同样进行结点编号，则整个计算模型共 $4(n+1)$ 个结点；

③ 桩-土界面之间设置零厚度的接触单元。

引入下面符号：

w_j^1——桩 1 结点 j 的竖向位移；

w_j^2——桩 2 结点 j 的竖向位移；

w_j^{m1}——w_j^1 所对应土体的结点位移；

w_j^{m2}——w_j^2 所对应土体的结点位移。

对于桩 1 单元 j 所对应土体单元作用单位剪应力 $\tau_j^{m1}=1$ 下引起 w_j^{m1} 和 w_j^{m2} 的位移为 I_{ij}^{11} 和 I_{ij}^{21}，同理，由桩 2 单元 j 所对应土体单元作用单位剪应力 $\tau_j^{m2}=1$ 下引起 w_j^{m1} 和 w_j^{m2} 的位移为 I_{ij}^{12} 和 I_{ij}^{22}，由位移互等定理可知 $I_{ij}^{21}=I_{ij}^{12}$，则引起 w_j^{m1} 和 w_j^{m2} 的位移分别为：

$$w_j^1=\frac{1}{E_s}\sum_{j=1}^{n}\frac{1}{l_j}I_{ij}^{11}p_j^1+\frac{2}{r_b^2E_s}I_{ib}^{11}p_b^1+\frac{1}{E_s}\sum_{j=1}^{n}\frac{1}{l_j}I_{ij}^{12}p_j^2+\frac{2}{r_b^2E_s}I_{ib}^{12}p_b^2 \quad (5\text{-}2)$$

$$w_j^2=\frac{1}{E_s}\sum_{j=1}^{n}\frac{1}{l_j}I_{ij}^{21}p_j^1+\frac{2}{r_b^2E_s}I_{ib}^{21}p_b^1+\frac{1}{E_s}\sum_{j=1}^{n}\frac{1}{l_j}I_{ij}^{22}p_j^2+\frac{2}{r_b^2E_s}I_{ib}^{22}p_b^2 \quad (5\text{-}3)$$

这样，土体的位移方程为：

$$\{w\}=\begin{Bmatrix} w^{m1} \\ w^{m2} \end{Bmatrix}=\frac{1}{E_s}\begin{bmatrix} I^{11} & I^{21} \\ I^{12} & I^{22} \end{bmatrix}\begin{Bmatrix} p^1 \\ p^2 \end{Bmatrix}=[I_g]\{p\} \quad (5\text{-}4)$$

式中，$\{p^1\}=\{p_1^1 \quad p_2^1 \quad \cdots \quad p_n^1 \quad p_b^1\}^{\mathrm{T}}$，$\{p^2\}=\{p_1^2 \quad p_2^2 \quad \cdots \quad p_n^2 \quad p_b^2\}^{\mathrm{T}}$，$[I^{11}]$和$[I^{22}]$求解与单桩分析相同，$[I^{12}]$和$[I^{21}]$同样可由 Mindlin 解积分计算得到。

令

$$[T_g]=\begin{bmatrix} T & \\ & T \end{bmatrix} \quad (5\text{-}5)$$

$$[T]=\frac{1}{2}\begin{bmatrix} 1 & & & & & \\ 1 & 1 & & & & \\ & 1 & 1 & & & \\ & \cdots & & & \cdots & \\ & & & 1 & 1 & \\ & & & & 1 & 2 \end{bmatrix} \quad (5\text{-}6)$$

则单元的剪力与单元结点力之间的关系可表示为：

$$\{F^m\}=\begin{Bmatrix}F^{m1}\\F^{m2}\end{Bmatrix}=[T_g]\{p\} \tag{5-7}$$

则群桩体系土体荷载位移方程可表示为：

$$\{F^m\}=[k_g]\{w^m\} \tag{5-8}$$

式中，$[k_g]$ 为土体刚度矩阵，可由下式计算：

$$[k_g]=[T_g][I_g]^{-1} \tag{5-9}$$

在得到土体的刚度矩阵后，桩的刚度矩阵和桩-土界面的剪切单元刚度矩阵与单桩分析完全相同。在得到桩单元、剪切单元和土体单元的刚度矩阵之后，采用对号入座法即可得到整体刚度矩阵，这样就得到考虑加筋效应的群桩非线性分析方程：

$$\{F\}=[K]\{w\} \tag{5-10}$$

采用实际算例进行验证，相互作用系数 α_ρ 采用 Poulos 的弹性理论法中的定义，即

$$\alpha_\rho=\frac{\Delta\delta_\rho}{\delta_{\rho0}} \tag{5-11}$$

式中，$\Delta\delta_\rho$，$\delta_{\rho0}$ 分别为相邻桩引起的附加位移和桩本身受载引起的位移。

首先计算单桩的桩顶位移 w_s^t，然后计算群桩的桩顶位移 w_g^t，则相互作用系数为：

$$\alpha_\rho=\frac{w_g^t-w_s^t}{w_s^t} \tag{5-12}$$

算例取自 Cooke 等在伦敦黏土中进行的多桩相互影响试验[4]，该地区黏土深达 30m，弹性模量约为 25MPa，试验用的钢管桩，桩的外径 0.168m，壁厚 6.4mm，桩长 5m。

Polous 弹性理论法、胡德贵等的研究结果、本书计算方法和实测相互作用系数的比较见图 5-2。对该算例胡德贵等采用剪切位移法计算土体的位移，研究加筋效应对相互作用的影响，计算中不考虑桩-土之间的相对位移。

由计算结果可知：

① Polous 弹性理论法忽略桩-土之间的非线性影响和桩的加筋效应，计算结果与实测结果相比误差较大；

② 加筋效应对于相互作用系数的影响明显；

③ 考虑加筋效应和桩-土界面的相对位移后，相互作用系数与实测结果较为接近，证明本书所提出的计算方法的有效性。

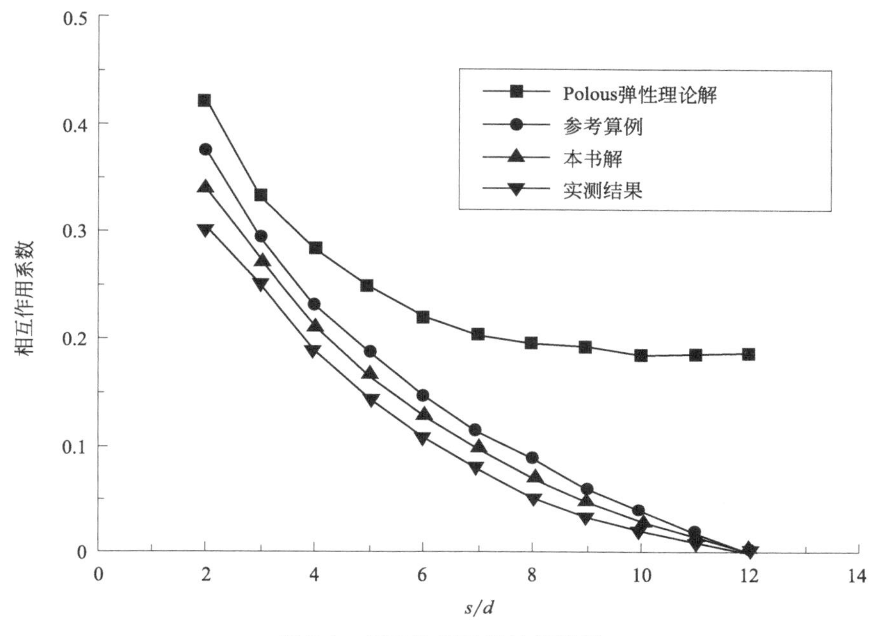

图 5-2　相互作用系数计算结果

5.2　竖向荷载作用下复合锚固桩的群桩分析

为了解复合锚固桩群桩相互作用的规律，分别采用本书提出的考虑加筋效应的群桩非线性分析方法和有限元方法进行了计算和对比分析。一方面研究桩在荷载作用下的变化规律，同时也进一步考察本书计算方法的有效性。

所使用的算例中试桩参数如下：

桩身混凝土为C25，桩长 $L=15\text{m}$，桩身为圆形截面，半径 0.15m，桩身弹性模量 $E=2.8\times10^4\text{MPa}$；土的泊松比为 0.25，土体弹性模量 $E_s=15.0\text{MPa}$。

为考虑桩-土之间的相对滑移，计算中在桩-土界面设置零厚度的剪切单元，剪切单元的本构模型采用修正理想弹塑性模型，即在达到极限剪切力前，桩-土之间没有相对位移，而达到极限剪切力后相互作用力不变，两者发生相对位移。桩-土界面的极限剪切力随深度线性变化，地面以下深度为 z 处的极限承载力为：

$$\tau_u=0.75k_c\rho gz \tag{5-13}$$

式中，k_c 为土体的侧压系数，土体为理想弹性材料时可采用下式计算：

$$k_c = \frac{\nu}{1-\nu} \tag{5-14}$$

式中，ν 为土体的泊松比；由本算例的参数得 $k_c=1/3$；ρ 为土体的密度，本算例 $\rho=1700\mathrm{kg/m^3}$；g 为重力加速度。

桩端弹簧采用修正双线性模型，在达到计算压应力前桩端和土之间没有相对位移，达到极限压应力后，模拟桩端刺入土体的效应而发生相对位移，并且在发生刺入效应后尚有一定的残余强度，则修正后桩端土的本构模型如图 5-3 所示。

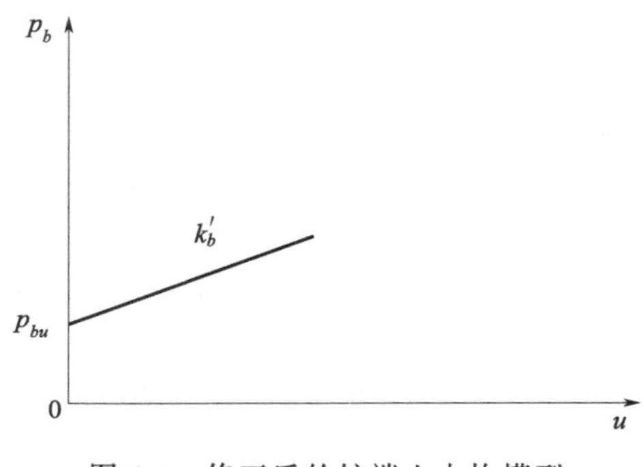

图 5-3　修正后的桩端土本构模型

桩端土体的极限压应力采用 API RP 2A-WSD 规范中的公式进行估算，有：

$$P_{\mathrm{b}u} = 8\rho g l \tag{5-15}$$

在达到极限压应力后，桩端弹簧的刚度为：

$$k_{\mathrm{b}}' = \frac{k_{\mathrm{b1}}}{k_{\mathrm{b1}} - k_{\mathrm{b2}}} k_{\mathrm{b2}} \tag{5-16}$$

令 $k_{\mathrm{b2}}=0.2k_{\mathrm{b1}}$，则：

$$k_{\mathrm{b1}} = \frac{E_{\mathrm{s}}}{2\pi I_{\mathrm{bb}}} \tag{5-17}$$

式中，I_{bb} 为桩端作用单位应力下所引起的桩端的竖向位移，可由 Mindlin 解积分可得。对于本算例，$k_{\mathrm{b1}}=125\mathrm{MPa/s}$，$k_{\mathrm{b}}'=31.25\mathrm{MPa/s}$。

图 5-4 为桩间距与桩径比 $s/d=2$ 下普通桩和复合锚固桩的荷载-沉降曲线。图中“普通桩”是指加载方式为通常的桩顶承载方式，“复合锚固桩”是指通过杆体将荷载传递到桩身不同深度的三点加载方式，三点加载的荷载分配比例为 1/3∶1/3∶1/3。

分析图中有限元方法和本书方法的结果，可得出以下结论：

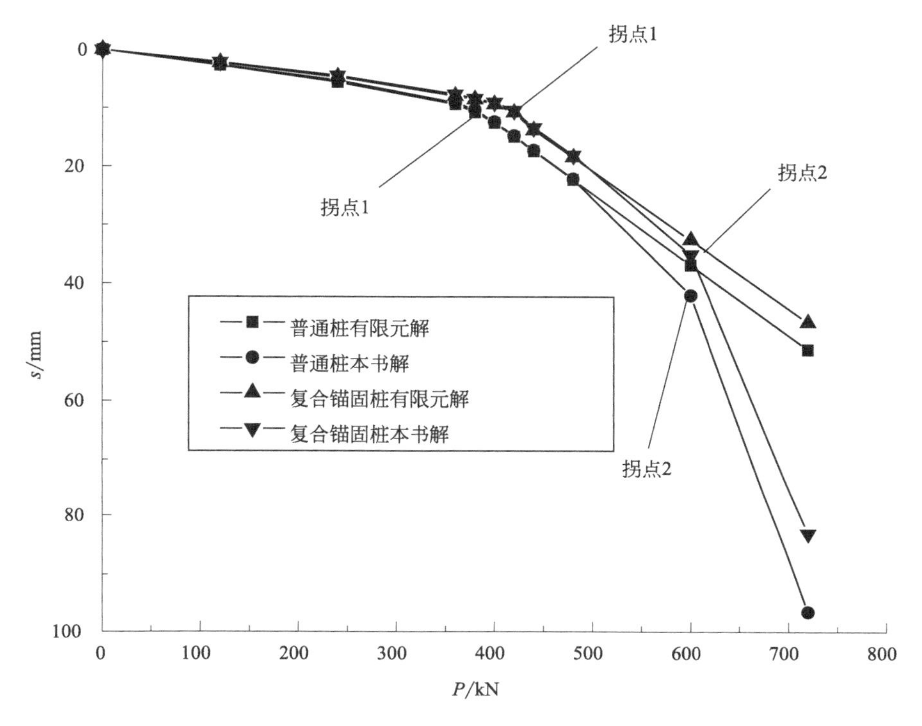

图 5-4　普通桩和复合锚固桩的荷载-沉降曲线（$s/d=2$）

① 在加载过程中曲线有两个拐点存在。第一个拐点应为桩侧剪应力达到极限应力所对应的值，第二个拐点为桩端的承载力也达到极限承载力的情况。若以第一个拐点所对应的荷载作为桩的极限承载力，则普通桩和复合锚固桩的极限承载力分别为 380kN 和 420kN（此算例中不考虑注浆的作用），分散加载的方式使得极限承载力提高了 10.5%，效果显著。

② 当荷载较小时，复合锚固桩的沉降小于普通桩，且其荷载-沉降曲线的变化斜率也小于普通桩，这证明了由于复合锚固桩的桩侧剪应力沿桩身分布比较均匀，可充分发挥整个桩长范围内的剪应力，这与前文所分析的单桩下的变化规律一致。

③ 有限元方法没有考虑桩端的刺入效应，因此在荷载超过第一个拐点后，荷载-沉降曲线即呈现线性变化，这表明增加的荷载全部由桩端承担。而事实上桩端应力也存在极限应力，超过该应力后土体将发生塑性变形破坏，桩体将刺入土体而发生沉降加速。本书采用桩端的修正双折线模型对此进行了模拟，得到荷载-沉降曲线的第二个拐点，与实际工程中桩的表现相符。

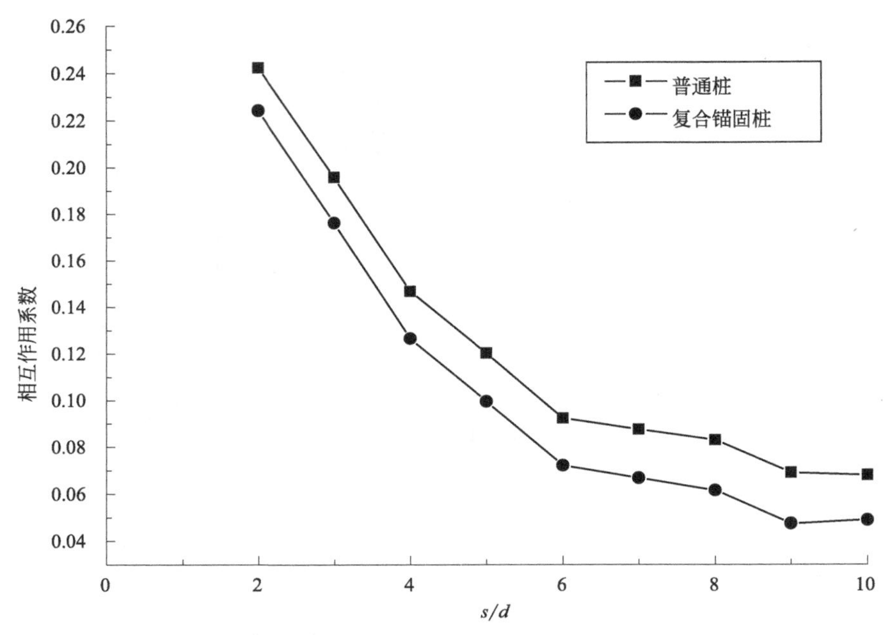

图 5-5 相同荷载下普通桩和复合锚固桩相互作用系数值对比

图 5-5 为相同荷载（360kN）作用下，普通桩和复合锚固桩的相互作用系数随 s/d 的变化规律。由图可知：

① 复合锚固桩的相互作用系数明显小于普通桩。分析原因可知，由于复合锚固桩将部分荷载施加于土体深部，由 Mindlin 解可知在相同荷载条件下，荷载作用点离地面越远引起地表位移越小，因此在相同荷载条件下复合锚固桩的相互作用系数小于普通桩是必然结果。

② 根据《建筑桩基技术规范》（JGJ 94—2008）的规定，$6d$ 范围以外的桩可忽略群桩的相互影响。若以此为判断依据，以 $6d$ 情况下普通桩相互作用系数的值为基准，则复合锚固桩在 $4d$ 范围以外的桩，其相互影响已经可以忽略。

同时，考虑群桩间的相互作用主要由土的弹性变形部分引起，而随着荷载的增加，桩-土界面将发生相对滑移，进入非线性阶段，因而荷载对相互作用系数的影响也需要考察。

如图 5-6 所示，对不同荷载作用下复合锚固桩的相互作用系数进行计算分析以研究其变化规律。由图中计算结果可知：

① 相互作用系数与桩所受的荷载有关，随着荷载的增加，桩之间的相互影

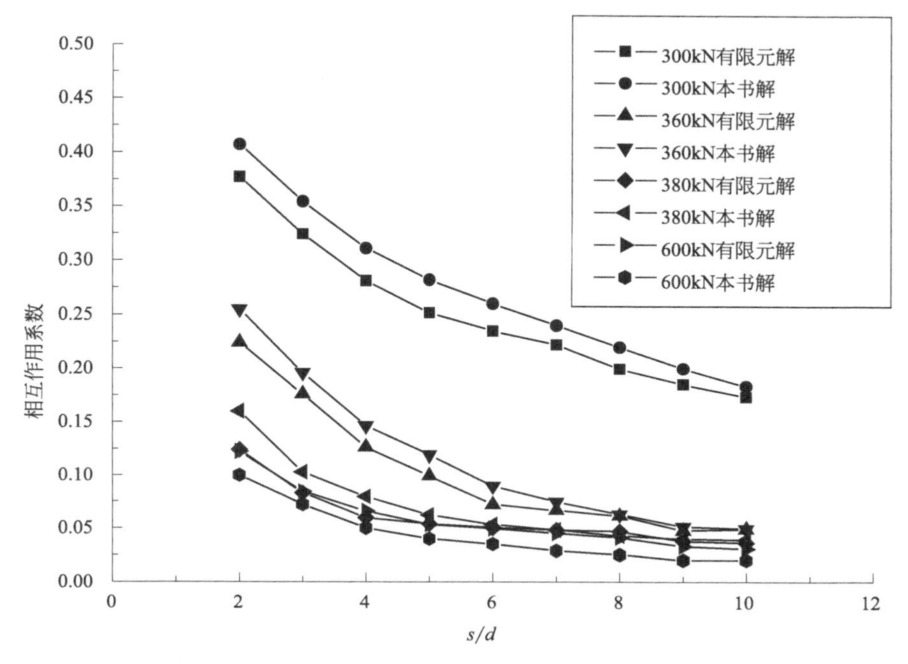

图 5-6　不同荷载下复合锚固桩的相互作用系数变化规律

响减小。

② 当荷载达到极限荷载以后，相互作用系数开始趋于稳定。分析其原因，首先是由于群桩的相互作用主要是由于桩侧的弹性应力部分所引起，荷载达到极限荷载之后，这部分的作用基本不再变化；其次，从式(5-12）的定义可知，相互作用系数是一个相对量，在达到极限荷载以后，由于塑性变形所引起的变形占了沉降量的绝大部分，弹性变形所占总沉降量的比例很少，由此计算出的相互作用系数值也相应极小，在曲线上即表现为趋于接近。

③ 有限元解没有考虑桩端的刺入效应，因此当荷载超过第一个拐点的承载力后，相互作用系数基本不变；而若考虑桩端的刺入效应，则土体弹性变形所引起的相互作用影响应进一步减少，对比图中的计算结果，可知本书所得相互作用系数更为合理。

综合上述理论分析可知，复合锚固桩与普通桩相比，极限承载力可提高10％左右；同时复合锚固桩的相互作用系数明显小于普通桩，证明复合锚固桩群桩能够提供优于普通微型桩群桩的承载力，其群桩相互作用系数与荷载有关，随着荷载的增加，相互影响减小。

参考文献

[1] Caputo V, Viggiani C. Pile foundation analysis: a simple approach to non linearity effects [J]. RivistaItaliana di Feotecnica, 1984, 18 (2): 32-51.

[2] 陈仁朋，梁国钱，余济棠，等．考虑桩土相对滑移的单桩和群桩的非线性分析 [J]．浙江大学学报，2002，36 (6)：668-673.

[3] 胡德贵，罗书学，赵善锐．加筋效应对群桩沉降计算的影响 [J]．工业建筑，2000 (11)：38-42.

[4] Cooke R W, Price G, Tarr K. Jacked piles in London clay: Interaction and group behavior under working conditions [J]. Geotechnique, 1980, 30 (2): 97-136.

第6章

复合锚固桩边坡加固应用研究

经过前面几章的工作，复合锚固桩在“结构加固”类型中（亦即主要承受竖向荷载）的工作机理和承载特性已经基本明确，而复合锚固桩在主要承受侧向荷载的“原位加固”工程特别是边坡处置工程中同样有着广泛的应用前景。

抗滑桩是在滑坡防治工程中应用十分广泛的一种技术手段。普通的抗滑桩通常都是采用增大桩体横截面和材料强度的办法来提高其抗滑能力，尤其是挖孔桩，即使抗滑强度要求不高，为便于施工也需要开挖较大的断面。然而大口径桩孔的施工无疑会造成对岩土体较大扰动和结构破坏，在施工过程中如遇到坚硬的大块石或基岩，还可能需要爆破，对边坡稳定性造成不利影响；同时普通抗滑桩的施工设备一般都比较庞大而笨重，对施工场地和搬运条件有较高的要求，桩位布置和成桩深度也因此受到限制，施工中产生的强烈机械冲击也会降低滑坡或潜在滑坡的稳定性，施工质量与安全不易保证，同时成本也较高。

复合锚固桩作为抗滑桩用于边坡加固工程的优点包括：

① 由于孔径小，可以大面积、数量多地密布在滑体上，增强对滑体的支挡作用，提高抗滑力。

② 桩与桩之间的间隔较窄，通常成排布置，由联系梁构成平面或空间刚架体系，使得复合锚固桩及其周围的岩土体形成了一个复合型抗滑结构。

③ 通过多次分段压力注浆，利用水泥浆体对周围岩土体的胶结、充填、挤密等作用，加固了桩体周围的滑坡体、滑动带及滑床下的稳定岩土体，使复合锚固桩周围的岩土体形成一个共同工作的较紧密的整体。

④ 复合锚固桩受地下障碍物限制小，可以灵活地选择布桩方式；施工机具简单，对场地条件要求低，可以在复杂的地形、地质、交通和场地条件下使用，施工速度快，对环境破坏小，对原岩土体的扰动小。

⑤ 由于分段锚固的作用，滑面下同样长度的桩体能够提供超过普通微型抗滑桩的锚固力，有效提高了抗滑系统的整体安全性。

复合锚固桩场地适应性强，施工简便，承载力高，已经在国内高速公路的边坡防护工程中得到广泛应用。

6.1 复合锚固桩边坡加固机理

6.1.1 桩体对土的强化作用

对于被加固的土体来说，桩体与周围土体黏结在一起，在外力作用下产生共同变形时，由于桩-土接触面之间存在阻力，桩体内将出现拉应力，而土体内出现压应力增量，由此提高了土体的强度，从而达到了加固的效果。

如图 6-1 所示，考虑当桩身和土体共同承受水平荷载时的情形，若桩-土之间无阻力，由于土体的强度较桩体为低，其变形量肯定将超过桩体；而现在由于阻力的存在，土体的变形趋势将受到桩体的抑制，桩体内产生附加拉应力 σ_z^1，土体内产生附加压应力 σ_z^2。

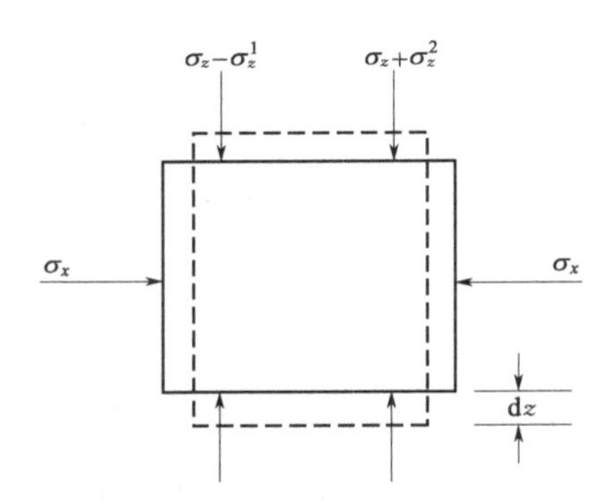

图 6-1　桩身和土体共同承受水平荷载

若土体服从摩尔-库仑强度准则：

$$(\sigma_1-\sigma_3)=(\sigma_1+\sigma_3)\sin\varphi+2c\cos\varphi \tag{6-1}$$

式中，c、φ 分别为土体的内聚力和内摩擦角。

在摩尔应力圆上，桩-土共同承担水平荷载的效果如图 6-2 所示。在未有桩存在时，土体的摩尔应力圆正好与破坏包络线相切，而当土体在桩体的作用下变形趋势受到抑制、产生附加压应力 σ_z^2 后，同样应力状态下的土体应力圆远离了破坏包络线，由此证明由于桩体所带来的附加压应力的存在，桩周土体得到了强化。

另外从上文的分析中可以看出，桩体对土体的强化作用前提是两者之间的紧密结合，复合锚固桩在施工中采用了分段多次高压注浆的工艺，能够更有效地保

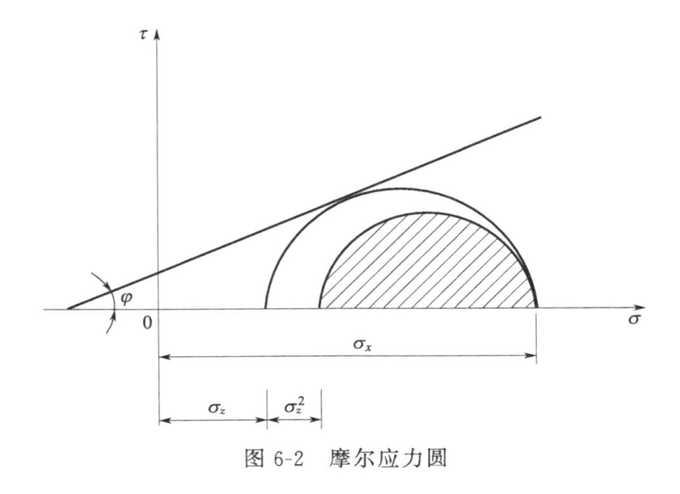

图 6-2 摩尔应力圆

证桩体与周围土体之间有良好的黏结。

6.1.2 注浆改性加强

注浆是能够改善岩土体的性能、充分利用岩土体自身的残余强度阻止滑坡体失稳的常用加固措施。目前，根据地质条件、注浆工艺以及浆液对土体的作用等因素可以将注浆加固的力学机理分为渗透、压密、劈裂和相互作用等四个方面。

(1) 渗透机理

对于松散土体，在不破坏土体结构的情况下，浆液充填于土体颗粒的空隙中与土体结合形成一个整体，从而改变土体的力学性质。而对于浆液难以渗透的土体则可以利用高压注浆的压密和劈裂作用去提高土体的性能。

(2) 压密机理

压密作用主要是指利用高压注浆将较稠的浆液在注浆处形成球形浆泡挤压土体，使得周围的土体被压密。注浆过程中浆泡向外扩张对周围的土体施加复杂的三向应力作用，使土体中的水和气泡挤出，土体被压密、挤实，从而使土体的密度、压缩模量以及内聚力有较大程度提高，同时其压缩系数和空隙比明显降低。

(3) 劈裂机理

当注浆压力达到一定程度时，在土体比较薄弱的部分，浆液将克服土体的初始应力和抗压强度，沿垂直于小主应力的平面上发生劈裂，同时可使地层中原有的裂隙或孔隙张开，形成新的裂隙或孔隙，浆液沿劈裂脉注入地层，形成网脉状的固结体骨架，成为新的加筋复合土体的刚性骨架，复合土体的强度变形性状由于网状结构的制约强化作用而大为改善，显示出加筋效应。

(4) 相互作用机理

水泥浆液有水解和水化的作用，当浆液被强行压入土体后，很快产生氢氧化钙、含水硅酸钙、铝酸钙以及含水铁铝酸钙等氧化物，由此可以提高土体的强度。同时水泥的各种水化物形成后，有的自身继续硬化形成水泥石骨架，有的则与周围具有活性的土颗粒发生反应，逐渐形成不溶于水的比较稳定的结晶化合物。水泥水化物中游离的$Ca(OH)_2$也能吸收水和空气中的CO_2发生碳酸化反应生成不溶于水的碳酸钙，从而提高土体的强度。

表 6-1 为张友葩等[1] 给出的 205 国道某土质边坡注浆前后土体的物理力学性质数据。从表中可以看出，边坡中的土体在中高压注浆的作用下实现了整体改性。注浆后边坡土体在浆液的渗透、压密作用下充实，空隙比和压缩比明显降低，压缩模量大幅提高。

表 6-1　注浆前后土体的物理力学性质

项目	含水率/%	湿密度/(t/m^3)	干密度/(t/m^3)	空隙比	压缩系数	压缩模量/MPa	黏聚力/Pa	内摩擦角/(°)
注浆前	8.30	1.79	1.70	0.69	0.44	5.04	16.40	21.5
注浆后	11.85	1.91	1.78	0.63	0.29	8.15	22.13	23.65

6.1.3　桩-土复合体系

1972 年，法国人 Long. N. T.，Guegcon 和 Glegeay 在实验室对铝薄膜加固下的砂土试样进了三轴压缩试验[2]，试验表明加固土的破坏包络线是直线且加固土破坏包络线近似平行于未加固土的破坏包络线，与具有摩擦角与黏聚力的黏性土的破坏包络线相似。

另根据 Amhest 等[3] 在 1997 年发表的研究结果（表 6-2），土体中的杆状物能够显著增加土体的“有效内聚力”。试验土体内设置不同倾角的杆状结构物以模拟微型桩的加固作用，然后进行剪切试验测出土体剪切时的内黏聚力和内摩擦角，同时做了试验土体内不加入任何结构物的试验作对比分析。从试验结果发现，三排直杆且顶部连接的布置条件下，土体的内黏聚力由 0 增加到 30kPa，而其他单独的正向倾斜或逆向倾斜布置拟微型桩时土体的内黏聚力比竖直布置时要小。

表 6-2 土体中设置杆状物的试验结果

试验编号	试验工况	有效内聚力 c/kPa	有效内摩擦角 φ/(°)
1	无结构物	0	34
2	1 排直杆	22	30
3	1 排正向倾斜直杆	14	30
4	1 排逆向倾斜直杆	15	31
5	3 排直杆，不连接	30	30
6	3 排直杆，顶部连接	33	30

由此可见，埋设于土中的微型杆状结构物对土具有加固作用，杆状结构物对土的内摩擦角没有影响，但是由于产生了附加黏聚力，土的抗剪强度增强。如果土体中的结构物具有足够的密度，且加固体与土体之间有足够的黏结性，则在宏观上可以将二者看作是连续均匀的复合材料，即可以使用复合材料的力学行为去描述被加固土体的行为。

由于桩径小、施工难度低，复合锚固桩在进行边坡加固的时候能够形成密集的群桩体系，足以和桩间岩土体组成一种新的桩-土复合型结构，荷载由该复合型结构共同承受，利用每根复合锚固桩的抗剪、抗拉、抗压能力以及和桩间土的组合效应，这种桩-土复合体可以有效地阻止滑坡体沿结构面滑动，受荷状态可以视作类似钢筋混凝土结构：桩间岩土体类似混凝土，而复合锚固桩则类似钢筋，作为桩-土复合体结构的骨架具有较大的刚度和强度，能够对桩间岩土体的变形进行约束，使桩和桩间岩土体成为一个整体来共同承担外荷载；同时桩体起着分担荷载、传递和扩散应力的作用，将不稳定岩体内的部分应力传递到稳定岩土体中，分散在较大范围的岩土体内，降低应力集中程度。

6.2 复合锚固桩抗滑结构的受力分析

6.2.1 复合锚固桩的受力分析

抗滑系统中复合锚固桩的受力情况如图 6-3 所示，滑坡分为上下两部分，复合锚固桩穿过滑面，上部表示不稳定的滑坡体，下部代表稳定基体。

当滑坡体与基岩之间未产生滑动、桩身沿轴向的受力较小时，复合锚固桩发挥的作用类似于固定于基岩之中的悬臂梁，抗滑力主要由桩身刚度以及桩前滑体的抗力提供［图 6-3(a)］。

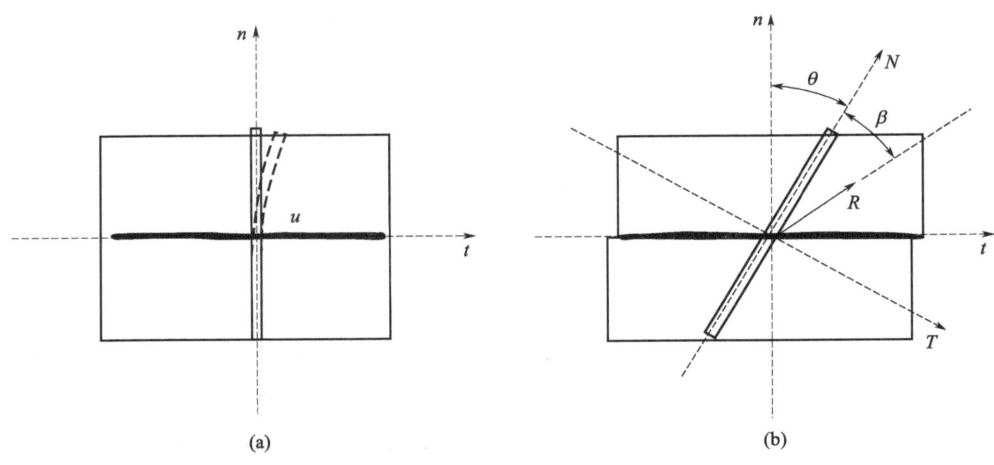

图 6-3 单根复合锚固桩受力情况示意图

除此之外，由于复合锚固桩分段锚固在滑面下的岩土体内，所以桩体开始受力时将出现沿桩身轴向的荷载，对滑面的承载能力有额外的贡献。

(1) 复合锚固桩作为抗滑桩的承载分析

对于抗滑工程中的复合锚固桩来说，桩体周围土体移动而使桩体受力，属于被动桩的类型。被动桩体的受力和变形一方面取决于桩体周围土体的位移，另一方面又反过来对桩体周围的土体发生作用。许多学者也曾对此进行过研究，其中日本的 Tomio Ito[4,5] 在论文中提出的以桩周土体的塑性变形分析计算为基础的计算方法，在实际工程中被证明是合理和有效的[6]。

作用在桩身上的侧向力可以认为是作用在桩前、桩后两侧的土压力之差，一般而言此侧向力在滑坡未发生移动时为零，而在滑坡移动导致桩周土体发生被动破坏时达到最大值，据此可由 Mohr-Coulomb 屈服准则得土体极限状态时抗滑桩所受的侧向力。

桩-土相互作用及变形关系如图 6-4 所示，基本假设如下：

① 岩土体变形时沿着 AEB 和 $A'B'E'$ 产生两个滑动面，其中 EB 和 $E'B'$ 与 X 轴的交角等于 $\frac{\pi}{4}+\frac{\varphi}{2}$；②岩土体只在桩体周围 $AEBB'E'A'$ 区域的变形为塑性，并且服从 Mohr-Coulomb 屈服准则，此时岩土体可用内摩擦角为 φ 和黏聚力为 c 的塑性体表示；③在深度方向上位移忽略，岩土体处于平面应变状态；④桩体为刚性；⑤AA' 面上作用力为主动土压力；⑥在考虑塑性区 $AEBB'E'A'$ 的应力分量时，作用在 AEB 和 $A'B'E'$ 面上的剪应力可以忽略不计。

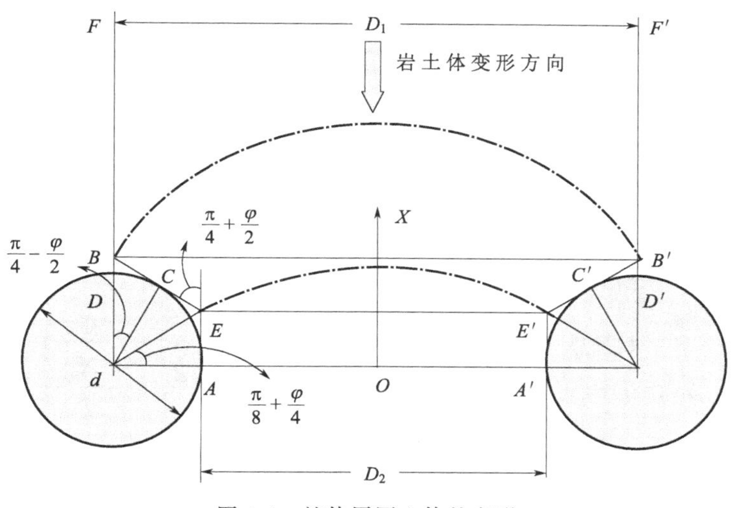

图 6-4　桩体周围土体的变形

对于 $EBB'E'$ 区，根据微小桩周土体单元受力平衡有：

$$-D\mathrm{d}\sigma_x-\sigma_x\mathrm{d}D+2\mathrm{d}x\left\{\sigma_\alpha\tan\left(\frac{\pi}{4}+\frac{\varphi}{2}\right)+\sigma_\alpha\tan\varphi+c\right\}=0 \tag{6-2}$$

式中各参数意义见图 6-4、图 6-5。

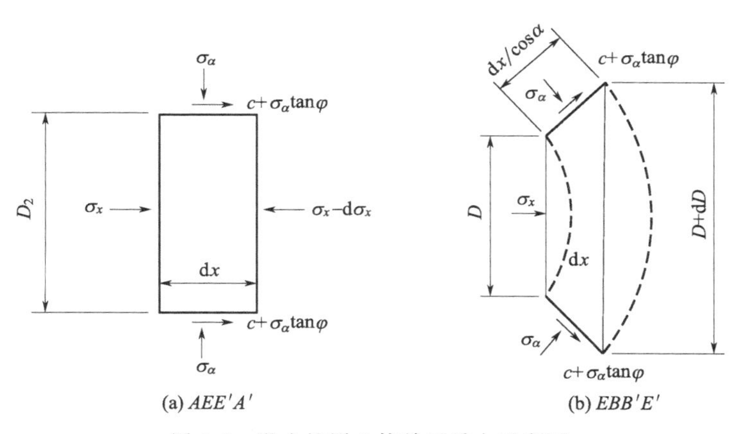

图 6-5　微小桩周土体单元受力示意图

令 $N_\varphi=\tan^2\left(\frac{\pi}{4}+\frac{\varphi}{2}\right)$，则 $EB(E'B')$ 面上的法向应力 σ_α 可以表示为：

$$\sigma_\alpha=\sigma_x N_\varphi+2c\sqrt{N_\varphi} \tag{6-3}$$

根据几何关系可得

$$dx=\frac{d\left(\frac{D}{2}\right)}{\tan\left(\frac{\pi}{4}+\frac{\varphi}{2}\right)} \tag{6-4}$$

将式(6-3)、式(6-4) 代入式(6-2)，则得

$$D d\sigma_{\alpha}=dD\left[(\sqrt{N_{\varphi}}\tan\varphi+N_{\varphi}-1)\sigma_{x}+c\left(2\tan\varphi+2\sqrt{N_{\varphi}}+\frac{1}{\sqrt{N_{\varphi}}}\right)\right] \tag{6-5}$$

对式(6-5) 积分，可得

$$\sigma_{x}=\frac{(C_{1}D)^{\sqrt{N_{\varphi}}\tan\varphi+N_{\varphi}-1}-c\left(2\tan\varphi+2\sqrt{N_{\varphi}}+\frac{1}{\sqrt{N_{\varphi}}}\right)}{\sqrt{N_{\varphi}}\tan\varphi+N_{\varphi}-1} \tag{6-6}$$

式中，C_1 为积分常数。

根据 $AEE'A'$ 区域中微小土元的受力平衡条件，可以得到

$$\sigma_{x}=\frac{C_{2}\exp\left(\frac{2N_{\varphi}\tan\varphi}{D_{2}}x\right)-c(2\sqrt{N_{\varphi}}\tan\varphi+1)}{N_{\varphi}\tan\varphi} \tag{6-7}$$

式中，C_2 为积分常数。

假定主动土压力作用在 AA' 面上，由 $x=0$ 可得

$$|\sigma_{x}|_{x=0}=\frac{\gamma z}{N_{\varphi}}-2c\sqrt{N_{\varphi}} \tag{6-8}$$

联立式(6-7)、式(6-8) 则可解得 C_2

$$C_{2}=\gamma z\tan\varphi+c \tag{6-9}$$

将式(6-9) 回代入式(6-7) 中，解得：

$$|\sigma_{x}|_{x=\frac{D_{1}-D_{2}}{2}\tan\left(\frac{\pi}{8}+\frac{\varphi}{4}\right)}=\frac{1}{N_{\varphi}\tan\varphi}\left\{(\gamma z\tan\varphi+c)\exp\left[\frac{D_{1}-D_{2}}{D_{2}}N_{\varphi}\tan\varphi\tan\left(\frac{\pi}{8}+\frac{\varphi}{4}\right)\right]-c(2\sqrt{N_{\varphi}}\tan\varphi+1\right\} \tag{6-10}$$

则在 EE' 面上，由 $D=D_2$，可解得：

$$(C_{1}D_{2})^{\sqrt{N_{\varphi}}\tan\varphi+N_{\varphi}-1}=\frac{\sqrt{N_{\varphi}}\tan\varphi+N_{\varphi}-1}{N_{\varphi}\tan\varphi}\times\left\{(\gamma z\ \tan\varphi+c)\exp\ \left[\frac{D_{1}-D_{2}}{D_{2}}N_{\varphi}\tan\varphi\tan\left(\frac{\pi}{8}+\frac{\varphi}{4}\right)\right]-c(2\sqrt{N_{\varphi}}\tan\varphi+1\right\}+c\left(2\tan\varphi+2\sqrt{N_{\varphi}}+\frac{1}{\sqrt{N_{\varphi}}}\right) \tag{6-11}$$

将式(6-11) 回代入式(6-6)，可得面 BB'上沿 x 方向每单位厚度岩土体的侧向力 $p_{BB'}$：

$$p_{BB'}=D_1\left(\frac{D_1}{D_2}\right)^{\sqrt{N_\varphi}\tan\varphi+N_\varphi-1}\left(\frac{1}{N_\varphi\tan\varphi}\right)\left\{(\gamma z\tan\varphi+c)\exp\left[\frac{D_1-D_2}{D_2}N_\varphi\tan\varphi\tan\left(\frac{\pi}{8}+\frac{\varphi}{4}\right)\right]-\right.$$

$$\left.c(2\sqrt{N_\varphi}\tan\varphi+1+c\left(\frac{2\tan\varphi+2\sqrt{N_\varphi}+\frac{1}{\sqrt{N_\varphi}}}{\sqrt{N_\varphi}\tan\varphi+N_\varphi-1}\right)\right\}-cD_1\frac{2\tan\varphi+2\sqrt{N_\varphi}+\frac{1}{\sqrt{N_\varphi}}}{\sqrt{N_\varphi}\tan\varphi+N_\varphi-1}$$

(6-12)

然后根据塑性区域 $AEBB'E'A'$的受力平衡条件，可以认为作用于平面 AA'和平面 BB'的侧向力之差就是 X 轴方向上单位厚度土体作用于桩体上的侧向力 $p(z)$，侧向力的计算式可以表示为如下形式：

$$p(z)=cA\left\{\frac{1}{N_\varphi\tan\varphi}\left[\exp\left(\frac{D_1-D_2}{D_2}N_\varphi\tan\varphi\tan\left(\frac{\pi}{8}+\frac{\varphi}{4}\right)\right)-2\sqrt{N_\varphi}\tan\varphi-1\right]+\right.$$

$$\left.\frac{2\tan\varphi+2\sqrt{N_\varphi}+\frac{1}{\sqrt{N_\varphi}}}{\sqrt{N_\varphi}\tan\varphi+N_\varphi+1}\right\}-c\left\{D_1\frac{2\tan\varphi+2\sqrt{N_\varphi}+\frac{1}{\sqrt{N_\varphi}}}{\sqrt{N_\varphi}\tan\varphi+N_\varphi+1}-2D_2\frac{1}{\sqrt{N_\varphi}}\right\}+$$

$$\frac{\gamma z}{N_\varphi}\left\{A\exp\left[\frac{D_1-D_2}{D_2}N_\varphi\tan\varphi\tan\left(\frac{\pi}{8}+\frac{\varphi}{4}\right)\right]-D_2\right\}$$

$$N_\varphi=\tan^2\left(\frac{\pi}{4}+\frac{\varphi}{2}\right),A=D_1\left(\frac{D_1}{D_2}\right)^{\sqrt{N_\varphi}\tan\varphi+N_\varphi-1} \tag{6-13}$$

式中，c 为土体的黏聚力；z 为土体距离地表的深度。其余符号意义见图 6-4。

将式(6-13) 沿深度方向进行积分，即可得到土体极限状态时桩体上所承受的侧向力。尽管式(6-13) 是在假设桩体为刚性的条件下得出的，但是其仍可以推广到弹性桩的情况，因为紧贴在桩体周围的土体实际上变形量很小，所以由桩体自身变形所产生的影响可以忽略[4]。

(2) 复合锚固桩滑面处的承载分析

如图 6-3(b) 所示，当不稳定滑坡体滑动时，上下两部分之间产生相对位移，桩体将产生轴向的拉力。

设在桩体与滑面的交界处由位移引起的微型桩桩体内总的反力为 R，R 与桩体之间的夹角为 β，R 的分量为 R_t 和 R_n [图 6-3(b)]，则有：

$$R_t=R\sin\beta \tag{6-14}$$

$$R_n = R\cos\beta \tag{6-15}$$

明显 R_n 即为桩体受拉产生的轴力，R_t 为桩体抵抗滑面的剪切而产生的桩身截面上的剪力。当 β 大于滑面的剪胀角时，滑面在滑动中将开裂，此时滑面的抗力 C 将不包括摩擦力：

$$C = R\sin(\theta+\beta) \tag{6-16}$$

反之，则有：

$$C = R\sin(\theta+\beta) + R\cos(\theta+\beta)\tan\varphi \tag{6-17}$$

由上述分析可见，复合锚固桩桩体对滑面的加固作用主要包括以下几个方面：

① 由于滑动面两部分的相对位移导致桩体出现轴向拉力，而轴向力相对于滑面的法向分量通过摩擦效应将为滑动面提供额外的抗剪能力。

② 轴向拉力平行滑动面的分量成为滑动面抗剪能力的一个组成部分。

③ 杆体本身的抗剪能力限制滑动面的相对错动，称之为“销钉”效应。根据参考文献［7］中提供的试验资料，拉伸屈服强度为 250MPa 的杆体处于塑性极限状态时，不计轴力引起的抗剪阻力，单靠销钉作用即可为弱面提供约 0.10～0.15MPa 的额外“黏结力”，对于改善岩土体中的弱面性能起到明显的加固作用。

6.2.2 整体抗滑结构的受力分析

复合锚固桩整体抗滑结构如图 6-6 所示。由于桩径小，所以复合锚固桩的布置形式比较密集，通常都是多排桩组成一个整体结构共同承载，桩顶由联系梁或面层互相连接，形成一个整体的空间桁架结构，共同承载滑坡的下滑力。

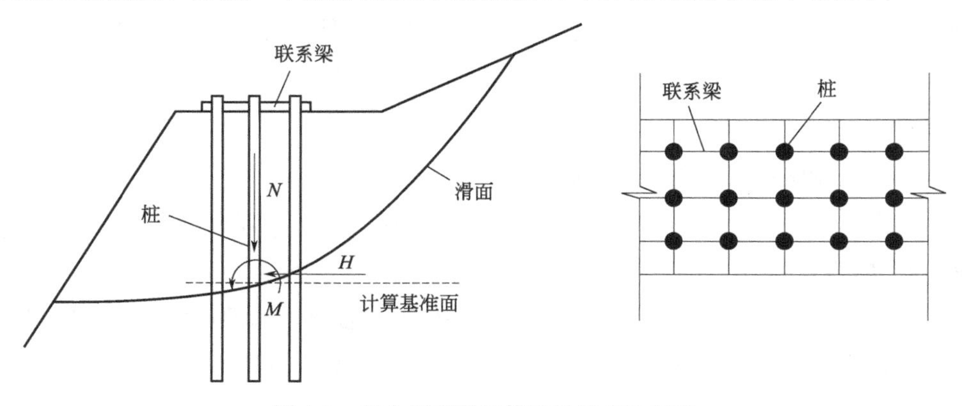

图 6-6　复合锚固桩整体抗滑结构示意图

由于复合锚固桩抗滑结构通常在与滑坡推力垂直的方向上呈带状布置以获得更好的加固效果，所以这个整体的空间桁架结构在受力方向上的宽度与延伸的长度相比较小，简单起见可以将其简化为平面桁架结构来进行受力分析，如图 6-7 所示。分析此复合锚固桩群桩抗滑结构的平面桁架模型，可以得到如下结论：

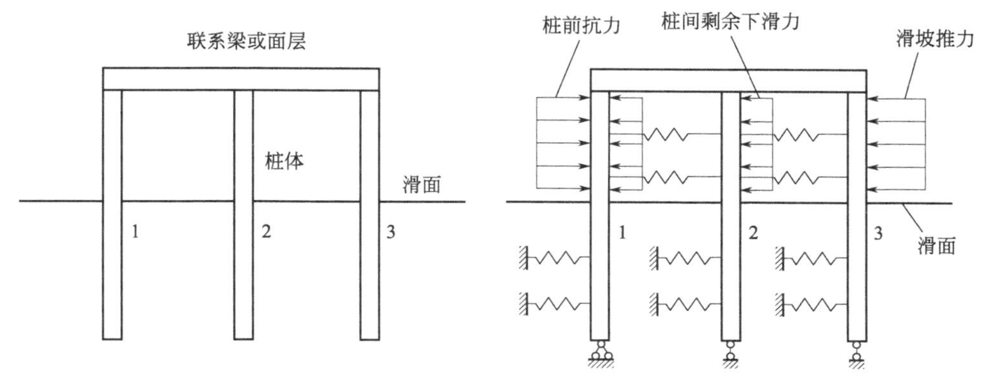

图 6-7 复合锚固桩整体抗滑结构受力简化示意图

① 作用在最后一排桩上的力包括桩后滑体的剩余下滑力和桩前滑体的抗力，滑坡推力的绝大部分直接作用在此排桩上。

② 作用在中间排桩上的力包括三部分：一是经第 2 排桩和第 3 排桩间滑体传递而来的第 3 排桩的桩前滑体抗力的反作用力（第 3 排桩变形引起）；二是第 2 排桩和第 3 排桩间滑体的剩余下滑力；三是第 2 排桩前滑体的抗力。

③ 对于前排桩，若将其后的各排桩以及桩间岩土体看作整体结构，则第 1 排桩所受的外力包括桩前滑体抗力和最后一排桩的桩后滑体剩余下滑力，桩与桩之间的相互作用力可看作内力。

很显然，确定了第一排桩和最后一排桩的受力情况之后，中间各排桩之间的桩间滑体的剩余下滑力可视为外力作用于前排桩上。

对于复合锚固桩整体结构来说，由于桩和土组成了一个复合体系共同承载，桩-土之间的相互作用非常复杂，若要对其内力进行分析，则较难用通常的理论算法来获得结果，故而采用有限元方法进行分析，将分析模型进行适当的假设，转化为有限元模型进行计算。

如图 6-8 所示，将平面桁架的分析模型转化为有限元模型，桩体和联系梁均采用两节点梁单元模拟，桩顶自由无约束，桩底部采用铰接、仅约束位移；为模拟桩周土体和复合锚固桩的相互作用，在滑面之下的嵌固段桩体通过水平方向的“接地弹簧单元”（一端连接桩体节点、一端固定）连接用以模拟滑面下稳定土体

对桩体锚固段的作用；对于滑面之上的部分，由于土体的抗拉强度较低，故而滑面以上的各排桩体节点之间用仅能承受压力的非线性弹簧单元连接（弹簧受压时正常工作，若状态变为受拉时弹簧单元自动失效）；两种弹簧的刚度均根据桩周土体的性质采用 m 法（通过指定土水平抗力系数的比例系数即 m 值来计算弹性桩水平位移及作用效应的方法）得到地基反力系数之后，通过地基反力系数来确定；滑坡推力和剩余下滑力根据实际情况分布在滑面之上的桩体单元上。

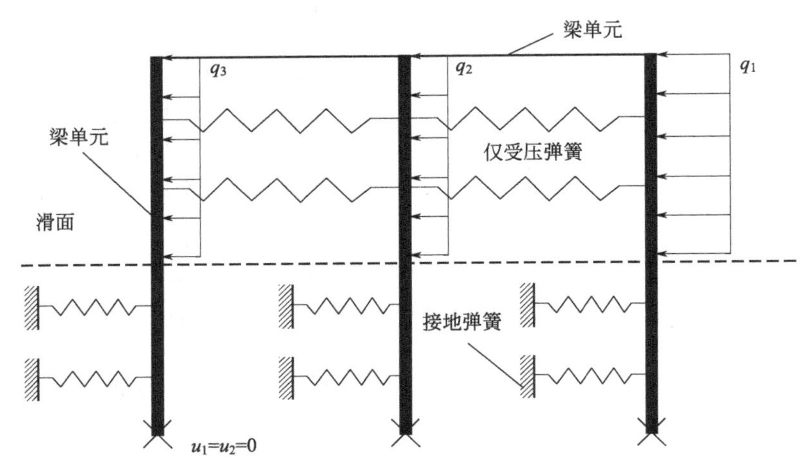

图 6-8　整体结构的有限元计算模型

为了分析复合锚固桩整体结构在承受滑坡荷载时的受力情况，选取适当的参数，按照前述分析建立有限元模型进行计算。模型中桩的直径为 0.3m，桩长 12m、间距 2m，滑面下长度为 6m，内设三根 ϕ22mm 钢筋作为杆体，联系梁截面尺寸为 0.1m×0.2m，内设两根 ϕ12mm 钢筋，地基反力比例系数 m 取为 100MN/m^3，桩的弹性模量为 2.08×10^4MPa，联系梁的弹性模量为 3.11×10^4MPa，钢筋的弹性模量为 2.67×10^5MPa，最后一排桩上单位宽度滑坡推力 $q_1=120$kN，桩间剩余单位宽度滑坡推力 $q_2=q_3=6$kN。有限元运算所得结果见图 6-9、图 6-10。图中纵坐标均为沿桩身深度方向的距离，单位 m。复合锚固桩体系中各排桩轴力与桩顶位移见表 6-3。

表 6-3　复合锚固桩体系中各排桩轴力与桩顶位移

桩号	轴力/kN	桩顶位移/m
1	22.8(压力)	0.1
2	0.6(拉力)	0.1
3	23.18(拉力)	0.1

分析图 6-9、图 6-10 中结果可知，桩-土体系表现出了良好的整体性，各桩

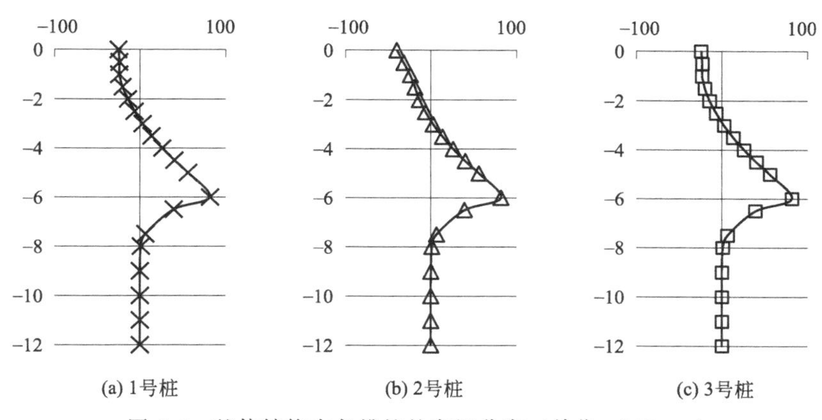

图 6-9　整体结构中各排桩的弯矩分布（单位：kN·m）

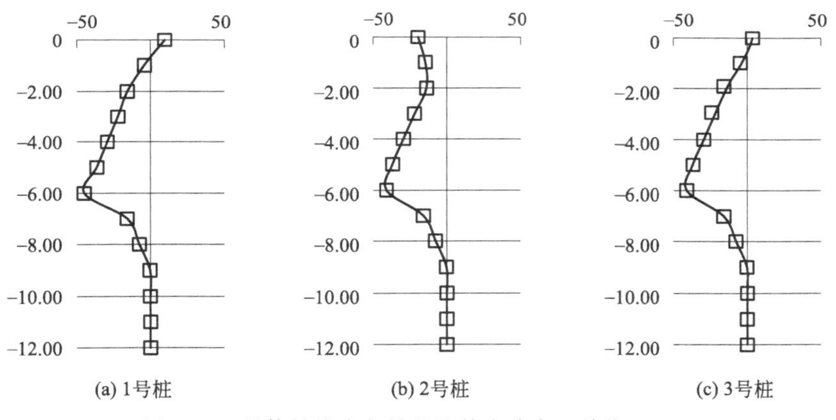

图 6-10　整体结构中各排桩的剪力分布（单位：kN）

的弯矩与剪力分布相差较小，最大弯矩和最大剪力都出现在滑面处，整个体系的表现如同混凝土结构中的钢筋。同时可见承受滑坡推力的 3 号桩桩身呈现受拉状态，而最前排的 1 号桩则处于受压状态，可知对于类似的复合抗滑体系来说，桩身在基体中的轴向承载能力也是一个重要的影响因素，而复合锚固桩采用分段锚固的方式能够提供更高的承载力，桩数、桩距等参数相同的条件下，复合锚固桩抗滑系统显然比普通微型抗滑桩组成的抗滑结构有更好的安全性。

6.2.3　分段锚固的锚固力强化效应

受拉桩体所受的各种荷载的轴向力分量最终将传递到桩体下部的锚固段，再由锚固段分散到滑面下的稳定基体中；特别对于承受拉力的桩体来说，其抗拔荷

载完全由锚固段承担，如果锚固力不足则将发生拔出破坏，损失绝大部分抗滑能力。故而桩体锚固段所能提供的锚固力对整个加固体系来说也同样重要。

复合锚固桩由于采用了分段锚固的工程技术，基体锚固段所能提供的锚固力有明显的强化效应，在同样的钻孔深度条件下能够提供比普通微型桩更高的锚固力。

通常的计算方法中，基本上都假定桩身强度及桩与土体的黏结强度是轴向均匀分布、不随深度变化，锚固力为黏结强度与锚固面积的乘积。而事实上由于锚固段杆体、注浆结石体以及改性土体的弹性模量是不协调的，在荷载传递过程中，锚固段固定长度上的黏结应力分布极不均匀，黏结作用会出现渐进性的弱化或破坏，导致锚固段局部或整体失效，真正的锚固桩承载范围是在一个较小的范围内。

对于单独的锚固段来说，随着桩体承受荷载的增大，锚固段与注浆体或注浆体与岩土接触面上会发生黏结效应的逐步弱化或脱开，荷载向锚固段远端传递，发挥承载能力的始终是小范围的一部分土体；而复合锚固桩的锚固段分成了数个部分，承受荷载的时候同时传递到各个分锚固段，虽然每个分段上黏结应力的分布也并非均匀，但是从整体上来看，全部锚固段长度上的应力分布相较单独锚固段要均匀，整体的黏结弱化效应也随之减小，能够更好地发挥周围土体的强度。

为验证分段锚固的锚固力强化效应，建立同样锚固长度的单独锚固和分段锚固杆体的有限元模型，杆体采用 3 根 ϕ22mm 钢筋，以杆单元的形式埋设在注浆结石体内，注浆结石体直径 0.3m，长度分别为 9m 和 3m×3，杆体、注浆结石体和混凝土基体的本构模型均采用弹性体，界面的摩擦系数取为 0.5，其他材料参数见表 6-4。模拟所得结果见图 6-11、图 6-12。

表 6-4　模型中各部分的物理力学参数

项目	密度/(kg/m^3)	弹性模量 E_s/Pa	泊松比
杆体	7600	2.67×10^{11}	0.3
混凝土基体	2400	3.11×10^{10}	0.2
注浆结石体	2200	2.08×10^{10}	0.15

从图 6-11 中可以看出（拉力方向为右），对于普通锚固段来说，锚固界面的剪应力仅集中在一个很窄的范围内，基体其他部分的剪应力很小；而随着所受拉力的增加，锚固界面的剪应力峰值点开始向端部移动，界面的峰值剪应力为 1.5～1.6MPa，峰值点之前的部分则发生“脱开”，界面剪应力骤减，而且峰值点尚未移动到杆体底端时前部锚固体已经在荷载的作用下发生了较大的拉伸

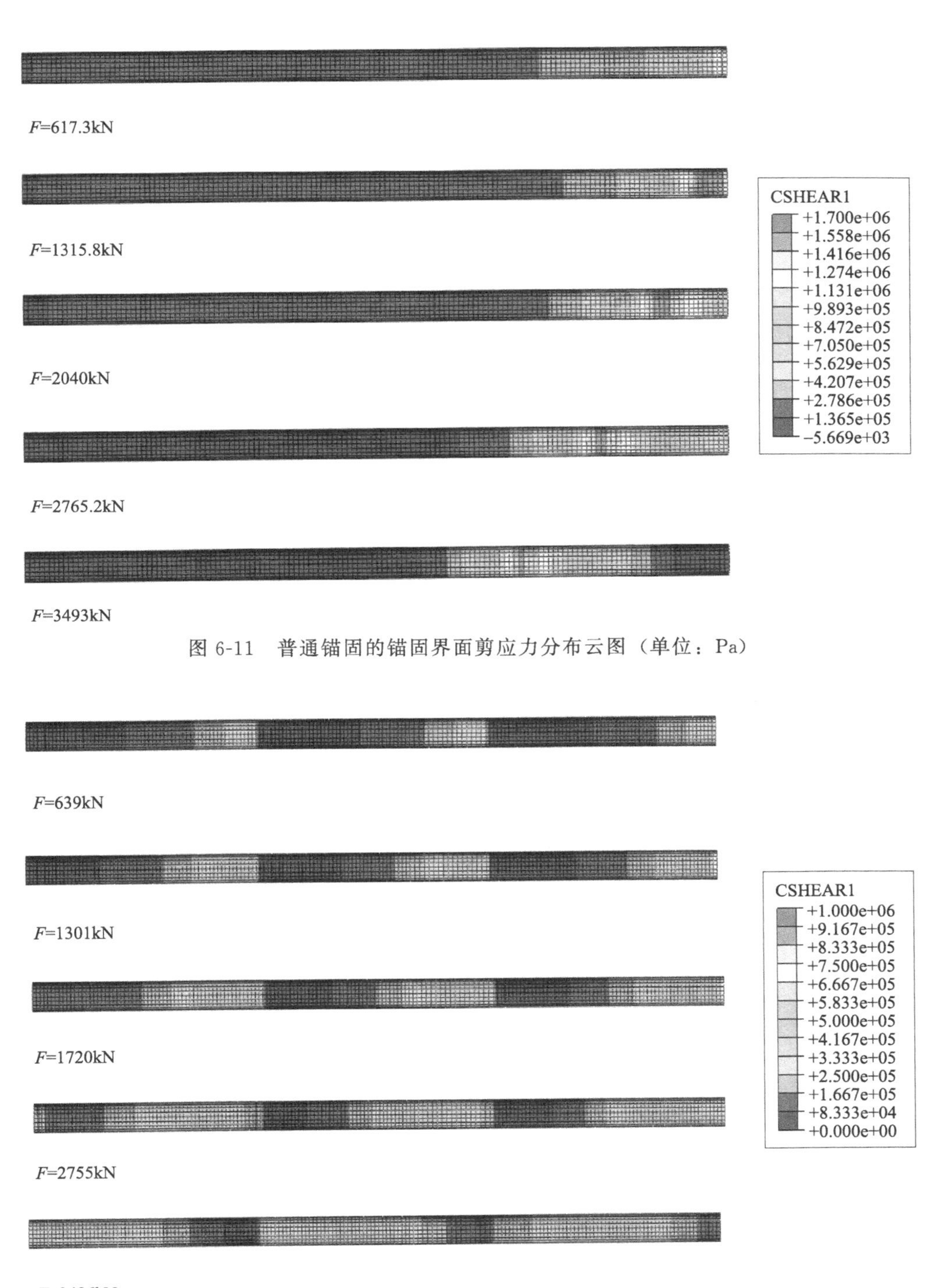

图 6-11　普通锚固的锚固界面剪应力分布云图（单位：Pa）

图 6-12　分段锚固的锚固界面剪应力分布云图（单位：Pa）

变形。

而在如图 6-12 所示分段锚固的锚固段中，各分锚固段剪应力的分布同样集中在较窄的范围内，但是对于整个锚固段长度来说承受荷载的有效面积仍然显著增加，界面的峰值剪应力为 0.9～1MPa；随着荷载的增大也同样发生剪应力峰值的移动和界面的脱开，但从图中明显可见，分段锚固所能调动的混凝土基体范围超过单独锚固段。

图 6-13 为相同荷载下普通锚固与分段锚固的位移比较，从图中可以看出，同样的杆体荷载下，分段锚固方式的锚固段位移明显小于普通锚固的杆体。

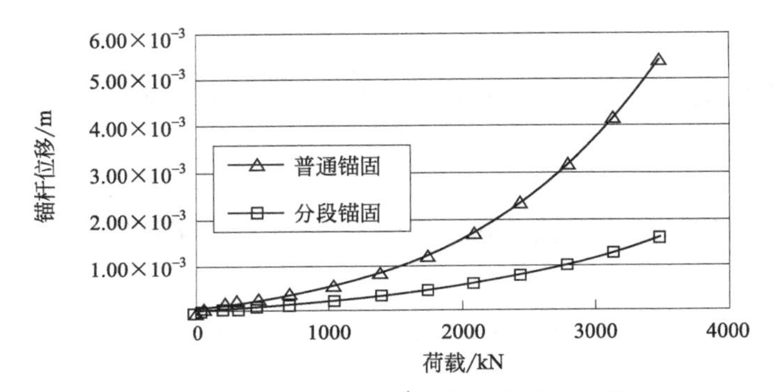

图 6-13　普通锚固与分段锚固的位移比较

图 6-14 为同样荷载下普通锚固与分段锚固杆体的轴向应力分布。从图中可以看出，普通锚固的锚杆受力基本集中在接近前段的一小部分，余下部分的杆体受力极微，证明这一部分的基体承载力得不到发挥；而分段锚固的杆体受力分布在不同的锚固段上，整个锚固范围内的基体都被调动起来，所能获得的承载力自然超过普通锚固方式。

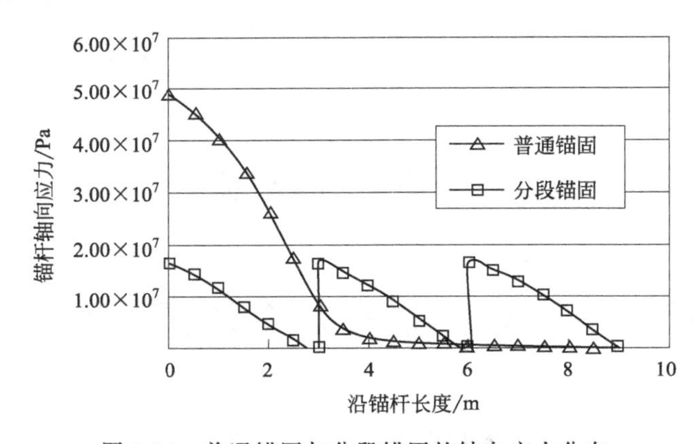

图 6-14　普通锚固与分段锚固的轴向应力分布

《岩土锚杆（索）技术规程》CECS 22：2005 中关于锚固长度的公式也考虑了锚固段长度对承载力的影响，规范中锚固长度的公式为：

$$L > \frac{KN_t}{\pi D \psi f_{mg}} \tag{6-18}$$

$$L > \frac{KN_t}{n\pi d \varepsilon f_{ms} \psi}$$

式中，N_t 为锚杆轴向拉力设计值；D 为锚固体截面直径；d 为锚杆截面直径；f_{mg} 为锚固体和桩周土体之间黏结强度标准值，kPa；f_{ms} 为锚固体和锚杆之间黏结强度标准值，kPa；ψ 为锚固长度对黏结强度的影响系数；ε 为采用多根锚杆时界面强度的降低系数；K 为安全系数。

其中的影响系数 ψ 即为考虑锚固段黏结应力分布与锚固长度的关系而设置的系数，表 6-5 为规范中提出的锚固长度对黏结强度影响系数的建议值。

表 6-5 锚固长度对黏结强度影响系数的建议值

锚固地层	土层					软岩或极软岩				
锚固段长度/m	13～16	10～13	10	10～6	6～3	9～12	6～9	6	6～4	4～2
ψ 取值	0.8～0.6	1.0～0.8	1.0	1.0～1.3	1.3～1.6	0.8～0.6	1.0～0.8	1.0	1.0～1.3	1.3～1.6

从表 6-5 中可以看出，当锚固段较短时影响系数较大，而随着锚固段的长度增加，影响系数的取值明显降低，说明同样的条件下锚固段越短损失的锚固力越少，也同样表明了对某固定长度的锚固段来说，采用分段锚固的措施减小锚固段长度显然能够提高其承载力。

6.3 桩间土拱效应

抗滑桩之间的土体在滑坡推力作用下相对桩身发生滑动，由于受到桩身的约束产生不均匀位移，致使土颗粒间产生相互“楔紧”的作用，在桩间形成水平的土拱，桩后土体所承受的压力被传递到拱脚和周围土体中，即桩间土拱效应。

土拱效应中的“土拱”不同于日常生活中肉眼能够看到的拱形结构物，土体受力之前并不存在，为了研究土拱的形成机理和拱中的应力分布情况，采用颗粒流程序 PFC 对桩间水平拱的形成机制及影响因素进行了研究。

PFC 颗粒流程序（PFC^{2D}/PFC^{3D}）是运用离散单元法来模拟颗粒运动及其相互作用，从而实现对实际工程问题进行分析的软件。它允许相互离散颗粒发生一定的位移和转动，包括彼此完全分离以及计算过程中新接触自动形成和自动识别，因此非常适合土体的动态微观研究[8]。

作为典型的离散物质，岩土体在受到外力作用以后，土体颗粒的相互作用表现出其碎散性的本质，因此，离散单元法已成为分析岩土体动态行为新的手段和方法[9-12]。

PFC 中单元之间靠与其相邻单元之间接触的“重叠”相互作用并产生接触力，根据单元与单元之间的几何关系对单元的接触进行判断。接触力根据相互接触的两个单元之间的相对位移和土体颗粒单元本身的性质确定。

PFC 程序的基本假设如下：

① 颗粒为刚性体；

② 颗粒之间的接触发生在很小的区域内，即为点接触；

③ 接触特性为软接触，即刚性颗粒在接触点处允许产生一定的重叠量；

④ 根据力-位移接触定律，重叠量与接触力的大小相关，并且所有的重叠量与颗粒尺寸相比很小；

⑤ 约束可以存在于颗粒之间的接触处，代表颗粒之间特殊的连接强度；

⑥ 颗粒为圆盘形或球形，通过将颗粒约束在一起形成任意形状。

由于实际工程系统中大部分变形都被解释为介质沿相互接触面的表面发生运动的情况，材料的变形主要来自颗粒刚性体的滑移和转动以及接触界面处的张开和闭锁，而不是来自单个颗粒本身的变形，所以颗粒为刚性体的假设是恰当的。

为了准确模拟土体的动态行为，分别使用线性接触刚度、摩擦力和并行约束来模拟土体颗粒之间相互作用的接触力、摩擦力以及黏附力。虽然土体颗粒集合体可能表现出复杂的非线性力学行为，但是这种复杂行为完全可以通过使用这三种相对简单的接触力学模型的组合来获得，这也是使用离散单元法来模拟和分析土体力学行为的优点之一。

（1）颗粒结构参数

离散元细观土体颗粒的结构参数包括颗粒的形状、粒径和分布。当进行颗粒集合体整体结构和行为研究时，单个颗粒结构对整体行为的影响很小。考虑计算机计算效率以及程序运行时间的影响，选用离散元模拟土壤颗粒的最小半径为1mm，最大颗粒与最小颗粒半径比为 6，并采用均匀分布的方法生成离散元细观模拟土体。

（2）界面参数

颗粒流模型需要通过细观尺度土体颗粒之间的相互作用来反映宏观尺度土体

整体的动态力学特性。在土体离散元动态仿真中选取颗粒摩擦系数为 0.5，颗粒的法向刚度和切向刚度均为 10^6 N/m。

(3) 模型边界

如图 6-15 所示，模型范围横向取为两抗滑桩中心间距 d，竖向为抗滑桩桩径 20 倍的范围，抗滑桩为圆形，直径 0.3m。

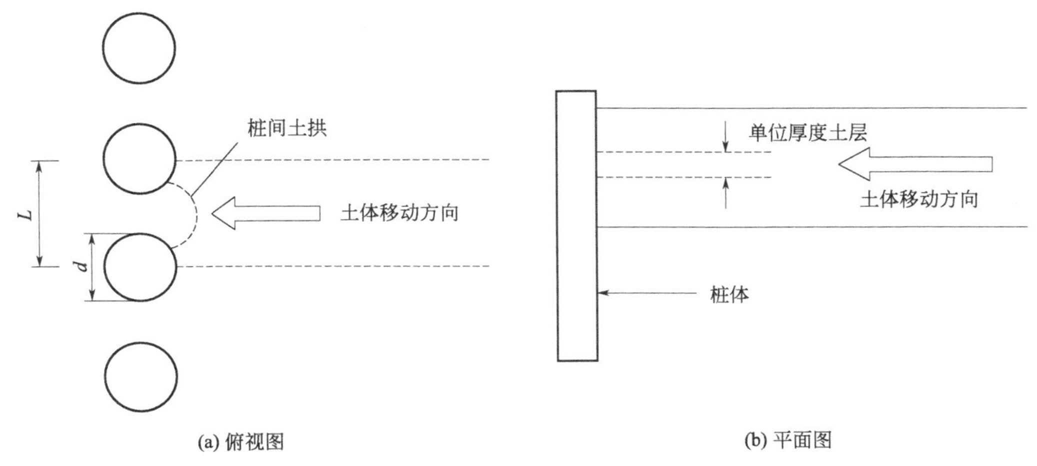

图 6-15　桩间土拱效应平面简化示意图

边界约束及抗滑桩均由 PFC 中的墙命令（WALL）生成，墙只能与颗粒产生力的相互作用，墙与墙之间不会产生接触力，因此墙与墙可以互相重叠。作为边界的墙上施加与土体颗粒间相同的摩擦系数，模拟抗滑桩的墙上施加抗滑桩与土体之间的摩擦系数，设定生成颗粒半径在 1～6mm 之间，服从均匀分布。

为模拟发生滑坡时桩后土体的滑动，在颗粒远端的边界墙上施加一个指向抗滑桩的推力，因为是平面模型，故不考虑重力的影响；桩间土体的应力传递完全由受到边界墙推动的颗粒完成。

6.3.1　土拱效应平面简化分析

(1) 土拱的形成机制

在外荷载作用下，土体主要表现为挤压、滑移、错动等行为。在桩间土拱形成的过程中，由于受到剩余下滑力的推力作用，桩后土体产生向前移动的趋势，但由于桩的阻碍作用，土体向中间挤压形成“楔紧”效应，出现土拱，将滑坡推力集中到拱脚即桩上。

图 6-16 所示为土拱演化形成过程［图 6-16(a)～(d)］以及桩附近部分的颗粒流模型［图 6-16(e)］。图中直线及弧线为模型的“墙”，左边对称的半圆状墙用来模拟复合锚固桩，树根状阴影表示土颗粒之间的压力，阴影越粗越大表明土颗粒之间的压力越大，阴影越细越小，表明土颗粒之间的压力越小。

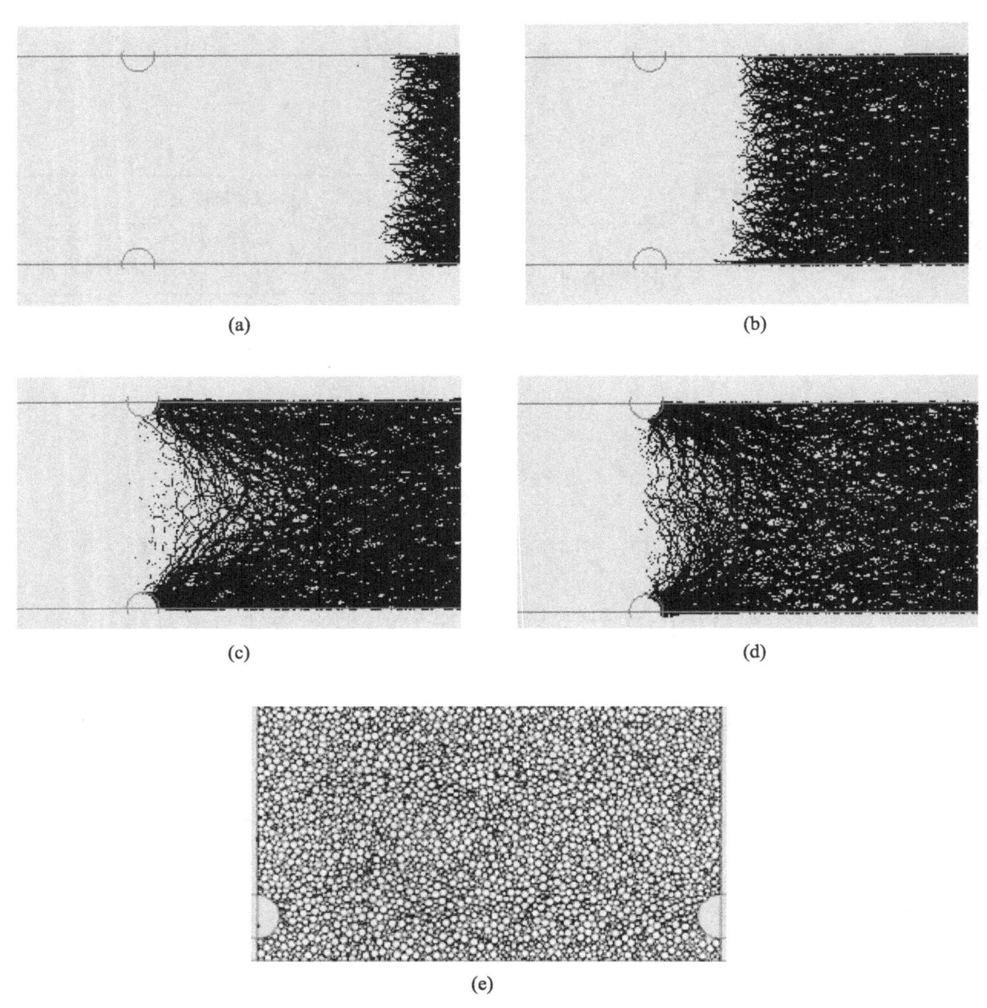

图 6-16　桩间土拱演化机制的颗粒流模拟

可以看到随着时间的增加，滑坡推力给土体的荷载在土中扩散，此时的扩散与分布是均匀的，没有形成土拱；当传递到抗滑桩的位置后，土体颗粒被桩阻挡，发生“楔紧”，土体中的压力向抗滑桩两侧集中，在距离桩体较远处应力分布仍然较均匀，在桩体附近则形成了一个非常明显的主应力拱，土拱范围内土体的应力从桩两侧到两桩中间逐级减少，土体的荷载明显向抗滑桩集中，

说明土拱效应发挥的作用是将土拱后面的力传递到抗滑桩上，在拱脚处形成了应力较高的区域，抗滑桩发挥着拱脚的作用，此即为“土拱效应”的直观表现。

（2）土中孔隙率的变化

除了可以从土体颗粒的接触应力来考察土拱的微观机制之外，还可以通过土体颗粒的孔隙率变化来观察土体内部的相互作用。PFC 提供了“测量圆”功能，可以记录指定区域的孔隙率、应力、应变等数值。

采用“测量圆”功能在紧贴桩前、桩后布设测量区域，记录土拱演化时期内此区域土体颗粒孔隙率的变化，所得孔隙率变化曲线如图 6-17 所示，其中上升的曲线为桩前测量圆，下降的曲线为桩后测量圆。从图中可以看出，随着土体受力的增加，桩前与桩后土体孔隙率变化较为明显。桩后土体由于受到抗滑桩的阻挡作用，土体的孔隙率变小，逐渐稳定在 0.2 左右。而桩前土体在滑坡推力的作用下，土体不断沿力的方向运动，土体在运动过程中孔隙率不断变大，并最终稳定在 0.23 左右。由此可知，土拱区的密实度大于周围土体的密实度，桩后土的

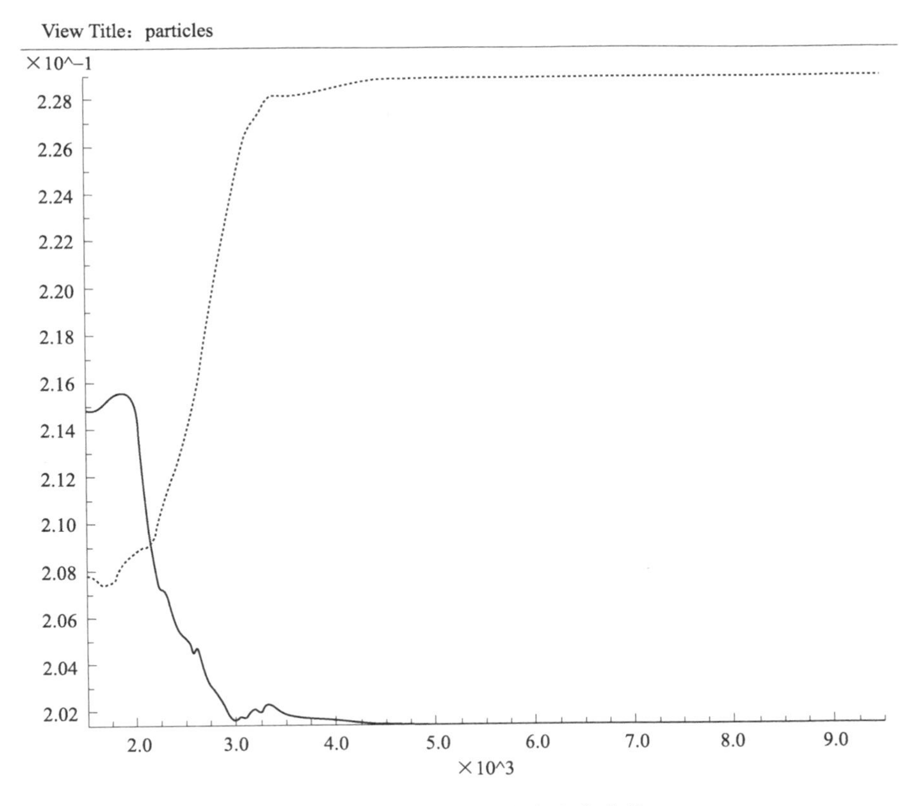

图 6-17　桩前桩后孔隙率变化曲线

密度增加，土颗粒之间的接触力增强，而桩前土的密度减小，土颗粒之间的接触力减弱，从而再一次说明了土拱的形成过程是一个土拱区挤密的过程。

(3) 土拱的影响因素

① 桩间距的影响。抗滑桩的桩间距是一个非常重要的指标。桩间距过大会造成桩间土拱不能形成或土拱效应很弱而致使抗滑作用失效；桩间距过小又易造成工程投资的浪费和施工的困难，因此分别建立不同桩径比 s/d 值、其他参数相同的颗粒流模型，考察各种桩间距情况下的土体的成拱情况。

由图 6-18 中可以看出，$s/d=4$、6、8 时，土体接触应力在桩前形成明显拱形分布，拱脚处形成应力集中区域；随着桩径比的增大，应力分布逐渐趋于分散，土拱逐渐变平，拱前土体开始受到荷载。而当 s/d 增至 10 时桩间土拱虽然存在却已不明显，说明土体开始有从桩间挤出的趋势，而 s/d 增大到 12 时土拱已经无法形成。

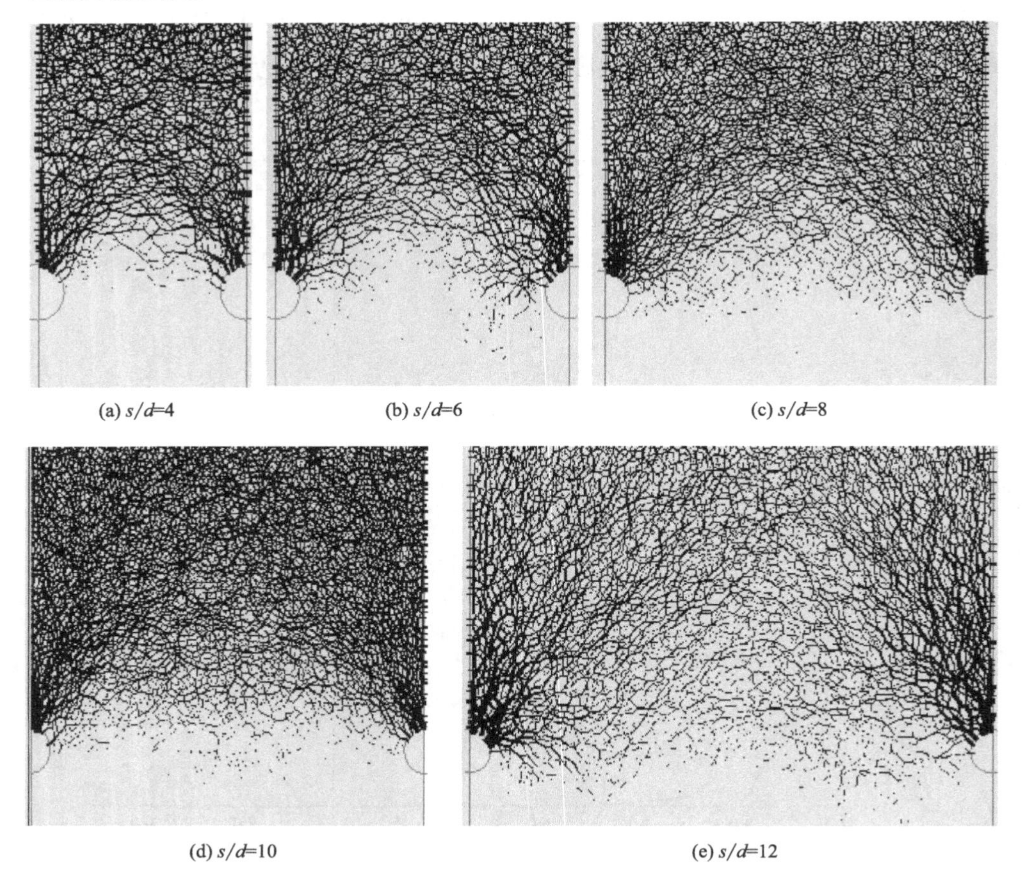
(a) s/d=4　(b) s/d=6　(c) s/d=8

(d) s/d=10　(e) s/d=12

图 6-18　不同 s/d 值模型土体成拱情况

由以上分析的结论来看，桩间距对抗滑桩的受力和滑坡的稳定性的影响是关键的。而通过上述分析我们可以认为：当 $s/d \leqslant 10$ 时，桩间可形成土拱；当 $s/d > 10$ 时，桩间土拱无法形成。

② 土体的内摩擦角对土拱效应的影响。由于土拱是由土颗粒互相压密形成，所以土颗粒彼此之间的摩阻力对于土拱的形成有很大的影响。通过调整颗粒间滑动摩擦系数 $\mu = \tan\varphi_{\mu}$，可以考察土体内摩擦角对土拱形成的影响。

在模型和其他参数不变的情况下，通过调整滑体的摩擦系数来研究内摩擦角对土拱效应的影响。分别取摩擦系数为 0、0.087、0.2679、0.466、0.577、0.86 和 1，使之分别对应内摩擦角为 0°，5°，15°，25°，30°，40°和 45°。土颗粒间的应力分布情况如图 6-19 所示。

由图 6-19 可知，当内摩擦角为 0°～5°时，桩后土体压力均匀分布，土拱效应不明显，随着内摩擦角的增加，土拱逐步形成，即在内摩擦角为 15°～30°这一

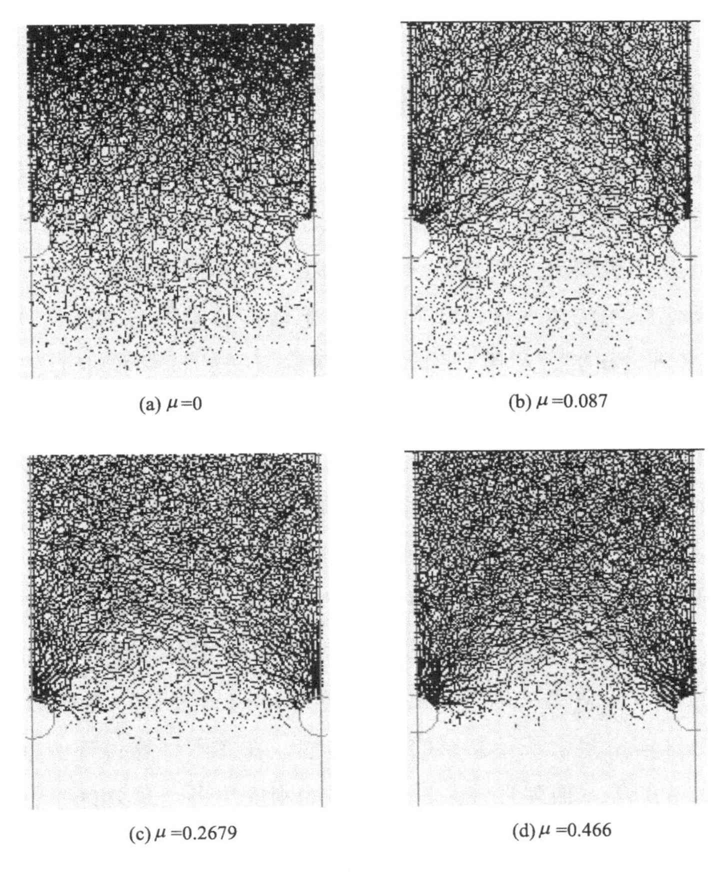

(a) μ=0　　(b) μ=0.087

(c) μ=0.2679　　(d) μ=0.466

图 6-19

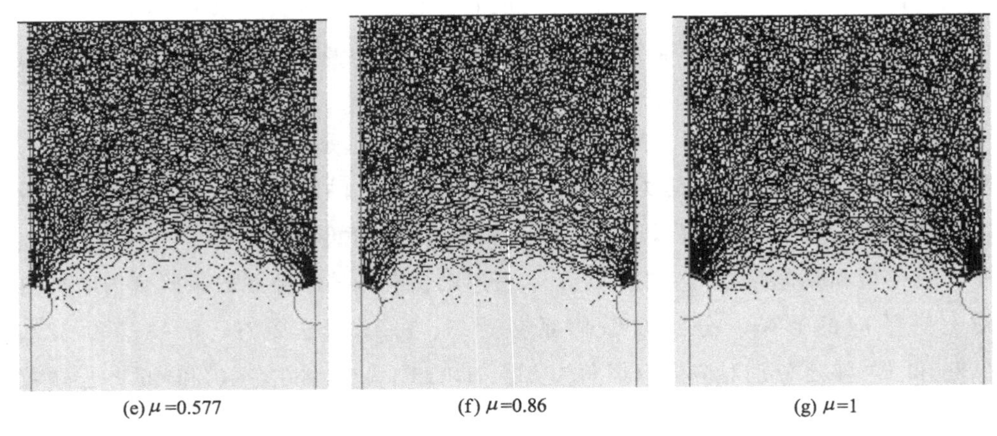

(e) μ=0.577　　(f) μ=0.86　　(g) μ=1

图 6-19　不同摩擦系数的土体应力分布图

范围内，内摩擦角对土拱效应的影响明显。而当内摩擦角超过 30°后，土拱效应随内摩擦角的变化不大。

6.3.2　土拱效应的三维分析

(1) 颗粒流模型

由于复合锚固桩桩径较小，刚度相对较小，受到滑坡推力的时候桩身将发生一定的位移，其土拱效应必然在沿深度方向上呈现不同的分布规律，通常的平面简化模拟分析结果无法体现这一特征。为此选取能够进行三维模型分析的颗粒流软件 PFC^{3D} 来进行研究。利用对称性选取两根复合锚固桩桩中心范围内的土体作为研究对象，同时将桩视为贯穿滑面、锚固于深层坚固土体中的结构物，则其滑面之上的部分可视作一端嵌固于滑面内的悬臂梁，滑面下的土体影响不大，为节省计算时间只取滑面上的桩-土部分进行模拟。

PFC^{3D} 中除了内置通常的颗粒相互作用逻辑之外，还提供了“平行黏结”模式，在该模式下，球体之间被视作存在着一种指定属性的胶凝物质将两者黏结在一起[13]，适当地调整这种平行黏结的参数即可形成各种整体结构的模型。本书中抗滑桩的桩体即采用一串等直径的相连球体进行模拟，具体形式如图 6-20 所示。抗滑桩桩体由多个平行黏结的球体组成，在实际计算过程中整个桩体会自动视为指定尺寸的等截面弹性体，整个桩体的刚度由各个球之间平行黏结弹簧的刚度决定。

如图 6-20(c) 所示，若桩体由 n 个平行黏结弹簧组成，每个平行黏结弹簧的

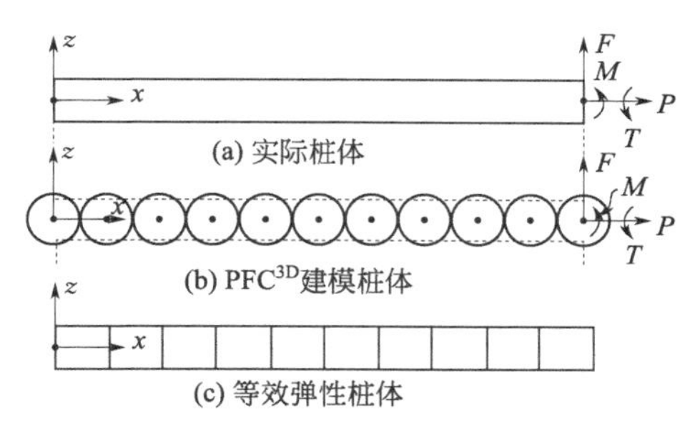

图 6-20　PFC^{3D} 桩体建模示意图

刚度为 $k^{(i)}$，则对于整个桩体的刚度 K 来说，有

$$K=\begin{cases}\left(\sum_{i=1}^{n}1/k^{(i)}\right)^{-1}, & \text{弹簧串联}\\ \sum_{i=1}^{n}k^{(i)} & \text{,弹簧并联}\end{cases}\tag{6-19}$$

若每个平行黏结弹簧的刚度都相等，则有

$$K=\begin{cases}k/n & \text{,弹簧串联}\\ nk & \text{,弹簧并联}\end{cases}\tag{6-20}$$

从而可得整个平行黏结桩体的等效刚度为：

$$K=\frac{A\bar{k}^{n}}{n}+\frac{k^{n}}{2n}\tag{6-21}$$

式中，$\bar{k}^{n}$ 为每个平行黏结的法向刚度；k^{n} 为组成桩身的每个球体的法向刚度。

令式中第二项等于实际桩体的总体轴向刚度 AE/L，则可获得模型中球体自身的刚度赋值。平行黏结的参数则由实际桩身刚度进行等效计算后赋值，计算公式如下：

$$\bar{k}^{n}=\frac{\bar{E}}{\bar{L}}\quad ,\quad \bar{k}^{s}=\frac{\bar{G}}{\bar{L}}\tag{6-22}$$

式中，$\bar{k}^{n}$、$\bar{k}^{s}$ 分别为每个平行黏结的法向、切向刚度；$\bar{E}$ 为实际桩体弹性模量；$\bar{G}$ 为实际桩体剪切模量；$\bar{L}$ 为每个平行黏结的长度。

基准桩体采用实际工程中的复合锚固桩材料属性，所用参数如表 6-6。

表 6-6　复合锚固桩材料属性

项目	密度/(kg/m^3)	弹性模量 E_s/GPa	泊松比
钢筋	7600	206	0.3
桩体	2200	35	0.2

由于主要考察桩间土拱效应特征，故对组成复合锚固桩桩体平行黏结的法向强度和切向强度赋一个较大值 1×10^8，保证桩体不会在受力时突然破坏；同时按照式(6-22)进行换算后，得桩身模型球体主要平行黏结参数为法向刚度 pb _ kn=195.7GPa，切向刚度 pb _ ks=78.28GPa。

综合考虑工程实践和模型运算量，仅对滑面之上的桩体部分进行建模，按照滑面上长度为 3m、4m、5m，桩身直径 $D=200$mm，桩间距 $(5\sim8)D$ 分别建模，桩身模型与滑面接触的最底端球体上施加约束模拟嵌固状态，最终模型如图 6-21 所示。

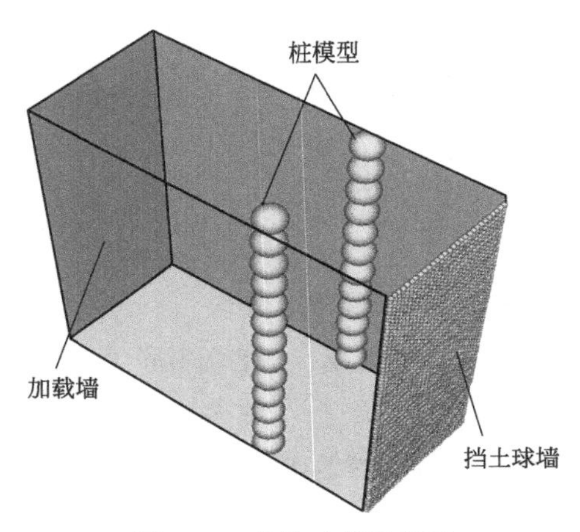

图 6-21　桩体建模示意图

利用 PFC^{3D} 内置的 FISH 函数编程模拟双轴试验来确定土体颗粒的细观参数，最终设定模型中土体颗粒的密度 1900kg/m^3，为模拟天然滑坡土体的颗粒性、非均质性，采用粒径为 0.008～0.013m 的颗粒组合，剪切刚度和法向刚度均为 1×10^6N/m，摩擦系数 0.5。

根据模型桩间距的不同，分别使用 $(5\sim12)\times10^4$ 颗粒单元模拟滑面上的滑坡体，土体周围采用光滑墙作为边界，桩后土体范围取为“当前模型桩间距”再加 $4D$，同时为更好地模拟桩身在土体中的实际受力情况，桩前同样保留 $4D$ 范围的土体，以规则排列的紧密球体墙作为桩前土体的挡墙，只允许此球体墙发生和加载墙同向的位移，最终模型如图 6-22 所示。

为模拟滑坡推力的作用，利用 FISH 函数编制数值伺服程序，实时调整加载墙的速度，保证滑坡推力相同，所得结果如图 6-23 所示。

图 6-23(a)～(d) 为桩间土体接触力的俯视图，揭示了复合锚固桩桩间土体中土拱的形成过程，图中箭头表示滑坡推力为向下，step 代表运算时步，图中

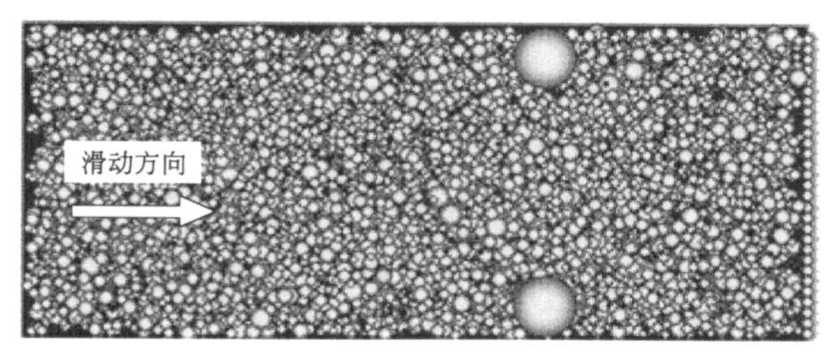

图 6-22　滑坡土体建模示意图（俯视）

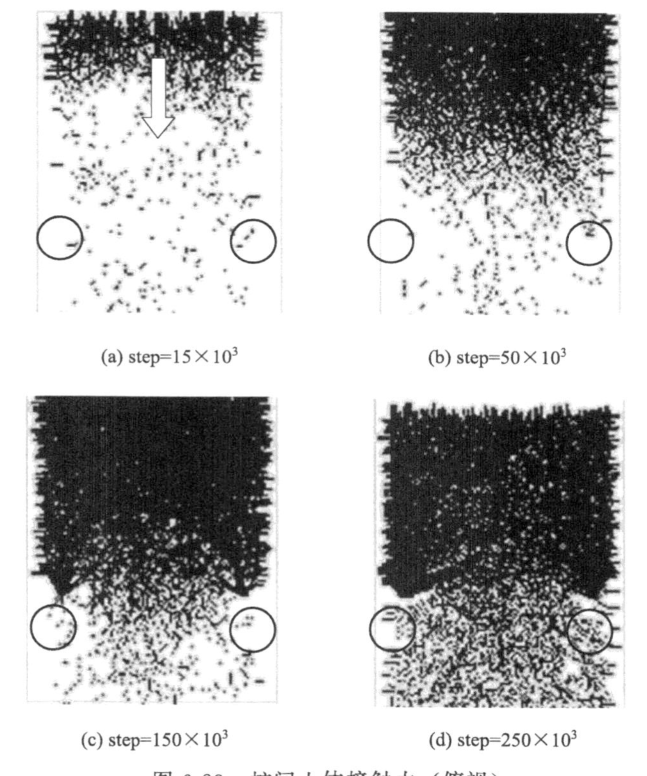

图 6-23　桩间土体接触力（俯视）

的黑色线条表示土体之间的接触力，圆代表抗滑桩的位置。

从图 6-23 中可以看到，随着加载墙的移动，应力从加载墙向前方土体和抗滑桩传递，可以看到土体颗粒在桩附近出现相互楔紧的行为从而挤压形成土拱。抗滑桩附近的土体接触力形状表现出了明显的拱形传力结构，随着荷载的增大，这一拱形结构逐渐变得扁平，但抗滑桩前土体始终受力不明显，证明土拱结构有效地将滑坡荷载传递给了作为拱脚的桩体。

由于微型桩自身刚度相对较低，因此在承受滑坡推力时将发生较大的桩身位移，导致其土拱效应在竖直方向上的表现并不相同，无法简化为平面问题进行研究，图 6-24(a)～(f) 是复合锚固桩桩间土体接触力在深度方向分布的侧视图，说明了土拱效应在深度方向上的演化过程。图中竖线为抗滑桩的初始位置，箭头表示滑坡推力为向右。

从图 6-24 中可以看出，当应力传递到抗滑桩时，先是在滑面附近，亦即抗滑桩接近嵌固端的部分土体中形成明显的集中受力结构，而桩前土体中的接触力则较弱，证明土拱已经在此处生成，荷载传递给了桩体。随后土拱从深部向顶部陆续成形，但到达与桩顶一定距离时，由于复合锚固桩的刚度相对较小，滑坡荷载导致上部桩身发生位移，土拱的形成受到影响，甚至无法形成。图中没有竖向土拱的产生，说明由于微型桩刚度相对较小，桩体位移量较大，其桩间土拱主要以水平土拱的形式存在。

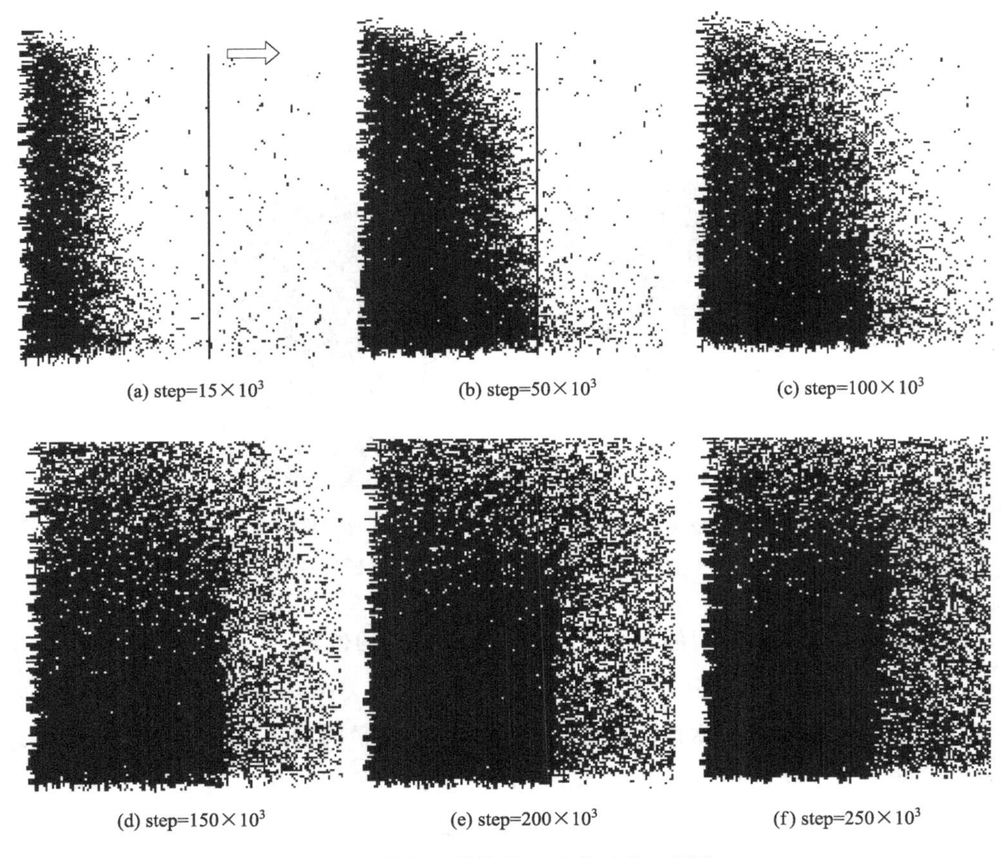

(a) step=15×10³　(b) step=50×10³　(c) step=100×10³

(d) step=150×10³　(e) step=200×10³　(f) step=250×10³

图 6-24　桩间土体接触力演化过程（侧视）

同时，从图 6-24 中可以看出，随着荷载的增加，桩前土体开始承受越来越多的荷载，但只要微型桩未发生破坏，即使已经存在较大的桩身水平位移，依然发挥着主要的抗滑作用。

由上述分析可知，当复合锚固桩受到滑坡推力的作用时，土拱的形成是一个由深到浅的过程，主要受力段为靠近滑面的深部桩体，而浅层土体则基本无法形成土拱，此处的抗滑力主要由土体自身的强度提供。

（2）土拱效应空间特征的影响因素

作为下端嵌固于稳定土体的抗滑结构，复合锚固桩滑面上的部分可视为悬臂梁，其桩体的变形影响着土拱的形成，显然桩的长度对桩体的变形量有着显著的影响，为此分别建立滑面上桩体长度为 3m、4m、5m 的复合锚固桩模型进行分析，考察不同桩长对承载的影响，得到桩顶位移均为 5cm 条件下桩身受力的情况如图 6-25 所示。

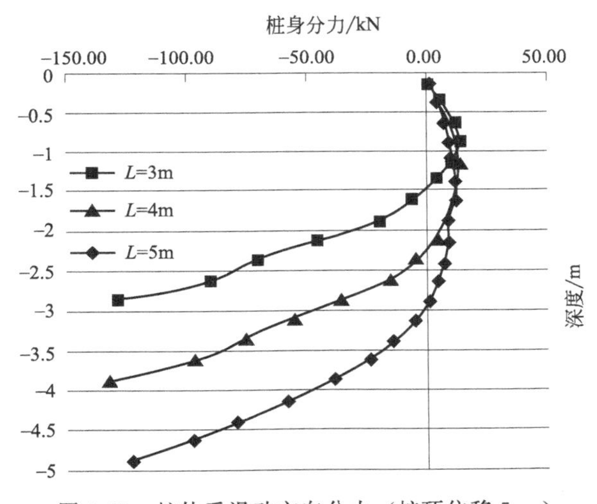

图 6-25　桩体受滑动方向分力（桩顶位移 5cm）

从图 6-25 中可以看出，不同长度的桩体受力趋势是基本一致的，主要承载区域为靠近滑面的桩段，桩身受力的拐点处距离滑面的位置基本相同，证明桩身受力的改变仅与桩体自身的刚度有关，与桩长的关系不大；从结构上分析，受桩长因素影响的是滑面上桩体的中间部分，随着长度的增加，这部分桩体将由于自身强度发挥以及桩前土体的支撑而有更多部分参与抵抗变形，从而承担部分滑坡荷载。为验证此结论，取不同桩长土体的桩顶位移达到 10cm 时的极限状态进行受力分析，所得结果如图 6-26 所示。

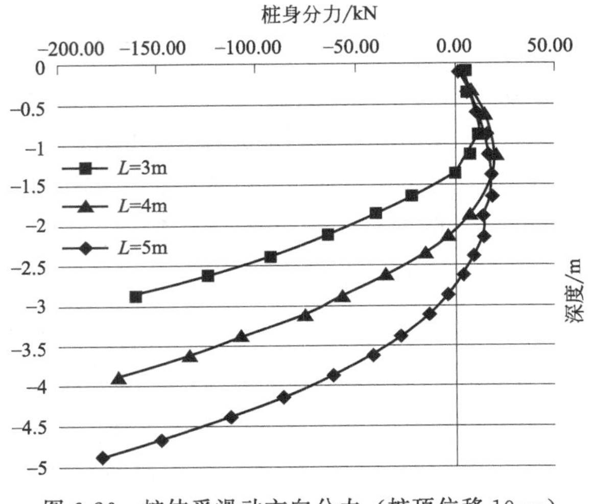

图 6-26 桩体受滑动方向分力（桩顶位移 10cm）

从图 6-26 中可以得知，当荷载增加时，桩身受力的拐点向上移动，证明更多中部桩体参与了承载，越长的桩体参与到承载中的桩段越长，但增加的长度与总体承担长度相比仍然仅占很小的比例；从不同长度桩体模型的桩间土体接触力侧视图（图 6-27）中土体接触力的演变趋势也可以看出，发挥主要抗滑作用的仍然是靠近滑面的深部和中部桩体，其余部分作用有限，说明无法通过单纯增加桩长来形成更多的土拱结构。

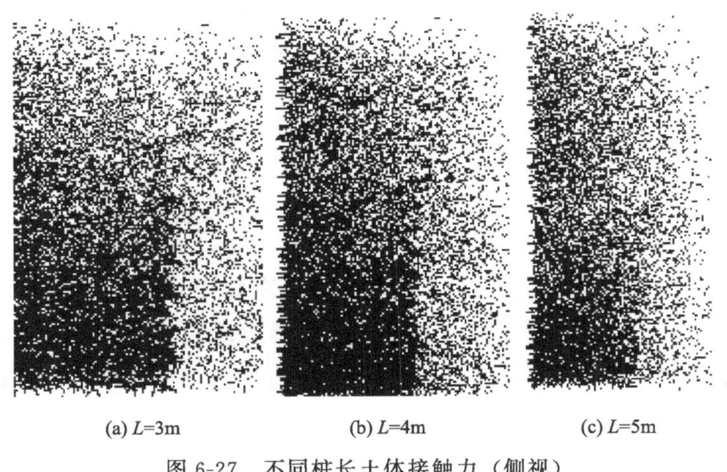

(a) L=3m (b) L=4m (c) L=5m

图 6-27 不同桩长土体接触力（侧视）

桩间距是抗滑桩工程设计中的一个重要参数，合理的桩间距能够在保证安全性的前提下节省工程成本、获得更好的经济性，因而是需要研究分析的重要影响

因素。由于微型桩桩径较小，实际工程中其桩间距也固定在一个较小的范围内，因此综合考虑工程实际和模型运算量，建立桩间距（5～8）D 的模型进行分析。

图 6-28～图 6-30 分别为当滑坡推力相同时，不同桩间距的复合锚固桩深部、中部和浅部桩间土体接触力分布的俯视图。从图 6-28 中可以看出，随着桩间距的增加，深部土体中的土拱形成受到影响，5D、6D 时土拱的拱形比较明显，而当桩间距达到 8D 时，虽然仍可看出荷载向抗滑桩传递的趋势，但已经不易观察到明显的拱形。

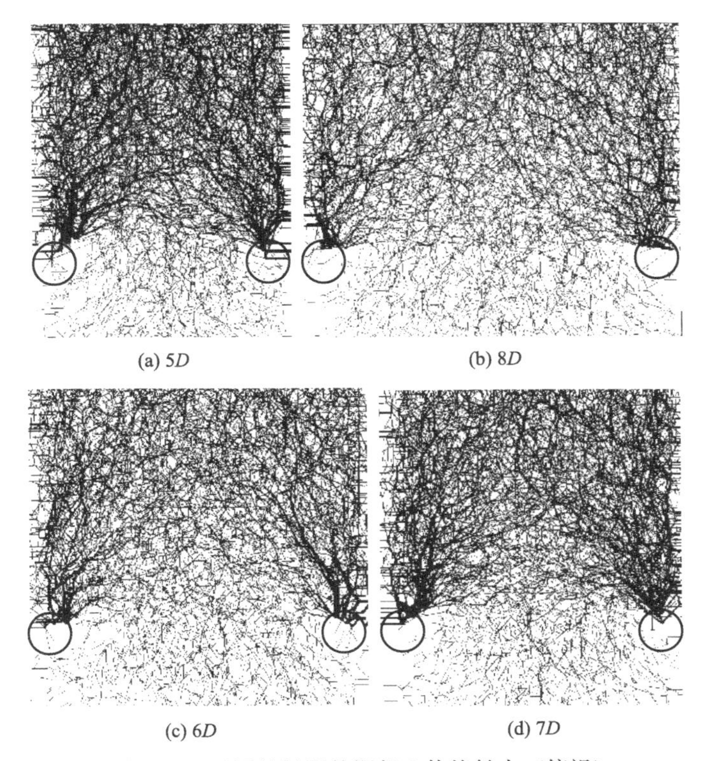

(a) 5D　(b) 8D

(c) 6D　(d) 7D

图 6-28　不同桩间距的深部土体接触力（俯视）

从中部土体的接触力分布图（图 6-29）中可以看出，对于中部土体来说，土拱的形状不如深部土体明晰，而受桩间距影响的趋势则与深部土体基本相同，同样是桩间距越大，成拱难度越大。

从顶部土体的接触力分布图（图 6-30）中可以看出，接近地表的这部分土体无法观察到明显的向抗滑桩传递荷载的趋势，不同桩间距条件下表现基本相同，都无法形成土拱，说明由于桩身变形的积累，桩体上段有较大的位移，导致顶部土体基本无法形成土拱。

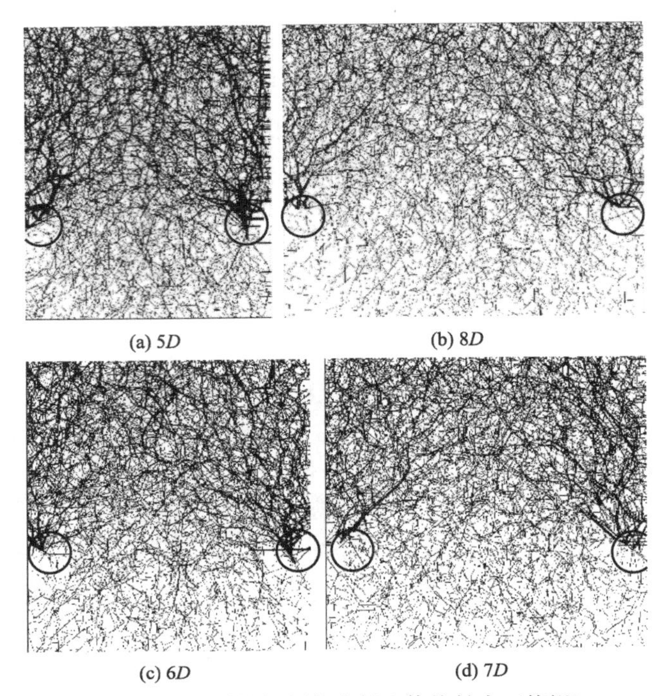
(a) 5D　(b) 8D　(c) 6D　(d) 7D

图 6-29　不同桩间距的中部土体接触力（俯视）

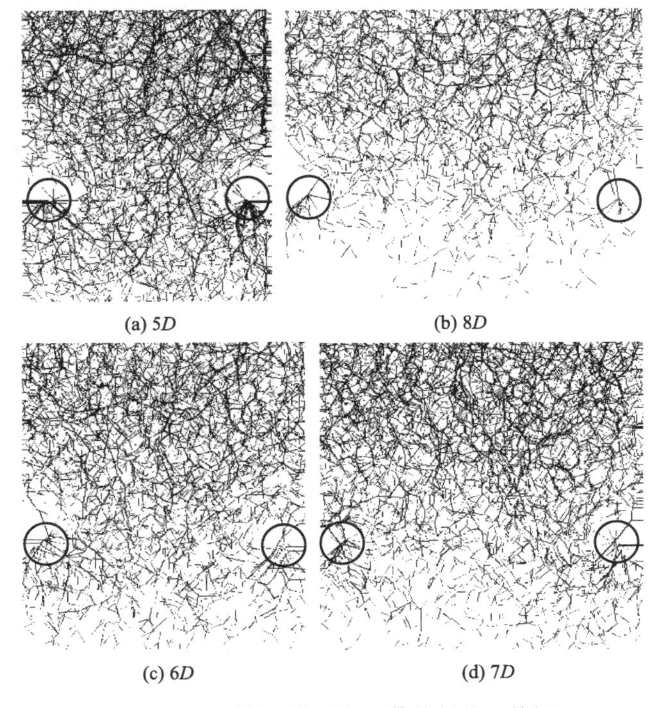
(a) 5D　(b) 8D　(c) 6D　(d) 7D

图 6-30　不同桩距的顶部土体接触力（俯视）

复合锚固桩的土拱效应之所以具有空间特征，其自身相对较小的刚度是决定性的原因，因此考察微型桩桩身刚度的变化对其土体中土拱的形成和分布的相应影响。由于复合锚固桩受自身桩径小等特性以及工程经济性的制约，刚度的提升有一定的限制，综合考虑工程实际和模型运算量，分别建立滑面上桩体长度为5m、桩身刚度分别为2倍和4倍原始刚度的模型，考察其桩间土体的土拱分布和桩身受力情况，所得结果如图6-31、图6-32所示。

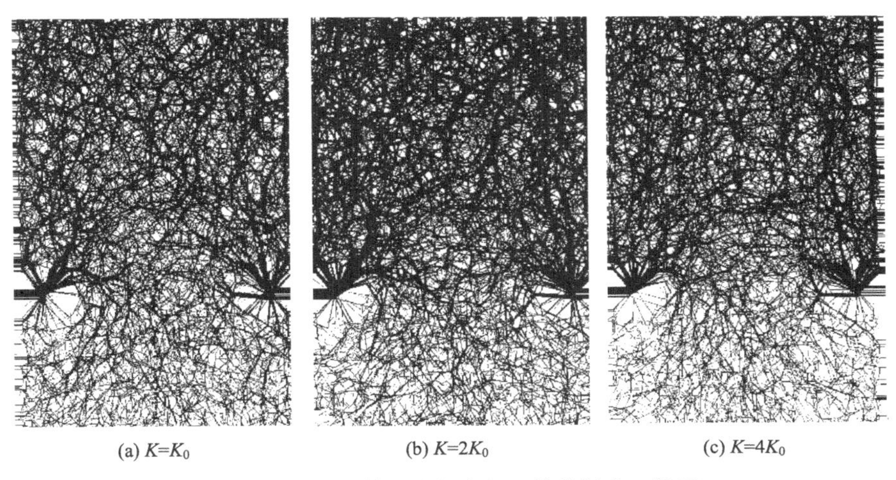

(a) $K=K_0$　(b) $K=2K_0$　(c) $K=4K_0$

图6-31　不同桩体刚度的中部土体接触力（俯视）

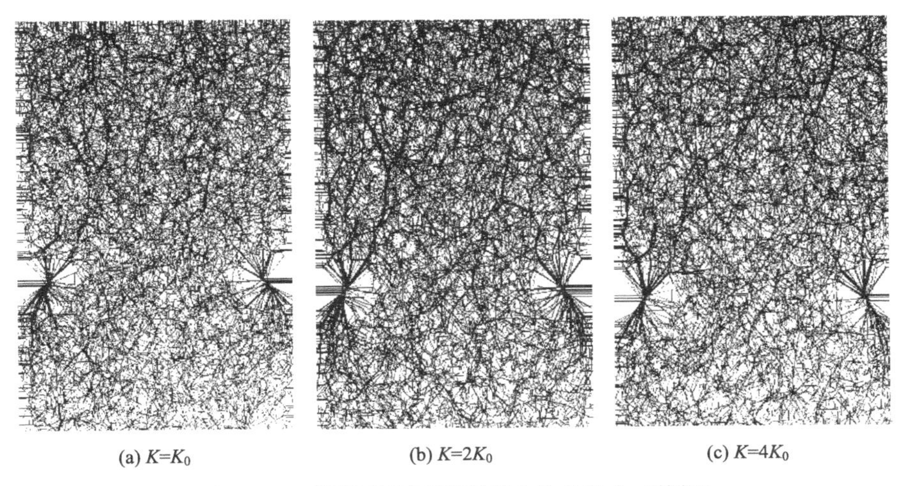

(a) $K=K_0$　(b) $K=2K_0$　(c) $K=4K_0$

图6-32　不同桩体刚度的顶部土体接触力（俯视）

从图6-32中可以看出，随着刚度的提升，参与到承载中的抗滑桩段长度有所增加，但增加的长度占总承载长度的比率很小。从土体接触力的分布图中可以看出，即使刚度增加到原模型的 4 倍，中、上部土体中土拱的形成依然不理想，中部土体略有增加，接近表层的浅部土体则几乎没有差别，证明单纯增加桩身刚度并不能显著地增加复合锚固桩系统中土拱的形成。不同刚度桩体受滑动方向分力见图 6-33。

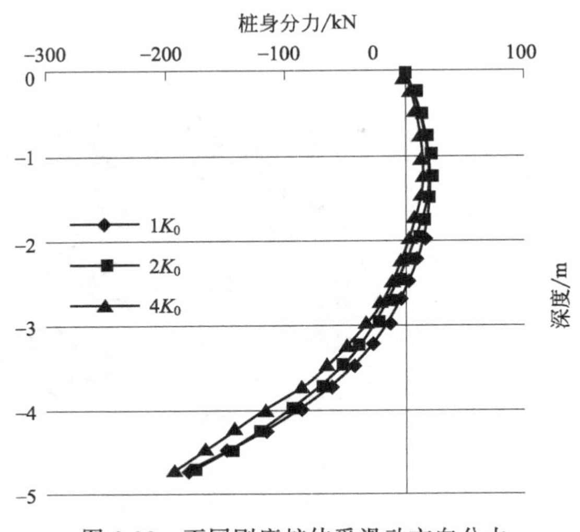

图 6-33　不同刚度桩体受滑动方向分力

上述结果与微型桩桩径较小、长径比过大的自身结构特性有着明显的关系，说明在抗滑桩系统的设计中，不能采用一味增加桩身刚度的方法来提高承载力，否则既不经济，也无法取得预期的效果。

根据分析可知，复合锚固桩系统的土拱具有明显三维空间分布特征，土拱主要出现在接近滑面的深部和中部土体中，浅部土体中土拱的形成受到桩身位移的影响，无法成形。由于自身刚度相对较小和桩身的位移，土体中以水平土拱为主，基本上不会形成竖向土拱。

6.4　复合锚固桩抗滑结构稳定性分析

6.4.1　单根桩体的稳定性验算

如图 6-34 所示，据抗滑桩的承载形式以及桩体的结构，可以确定桩体所能承受的最大弯矩：

$$M_{\max}=f_{\mathrm{cm}}A\,\frac{r_1+r_2}{2}\times\frac{\sin\pi\alpha}{\pi}+f_{\mathrm{y}}A_{\mathrm{s}}\,\frac{r_{\mathrm{s}}}{\pi}(\sin\pi\alpha+\sin\pi\alpha_{\mathrm{t}}) \tag{6-23}$$

$$\alpha_{\mathrm{t}}=1-1.5\alpha$$

式中，A 为抗滑桩的有效截面积，$A=\pi(r_2^2-r_1^2)$；A_{s} 为抗滑桩中钢筋的截面积；α 为抗滑桩受压面积与全截面面积的比值：

$$\alpha=\frac{f_{\mathrm{y}}A_{\mathrm{s}}}{f_{\mathrm{cm}}A+2.5f_{\mathrm{y}}A_{\mathrm{s}}} \tag{6-24}$$

式中，f_{y}，f_{cm} 分别为钢筋和注浆体的抗弯刚度设计值。

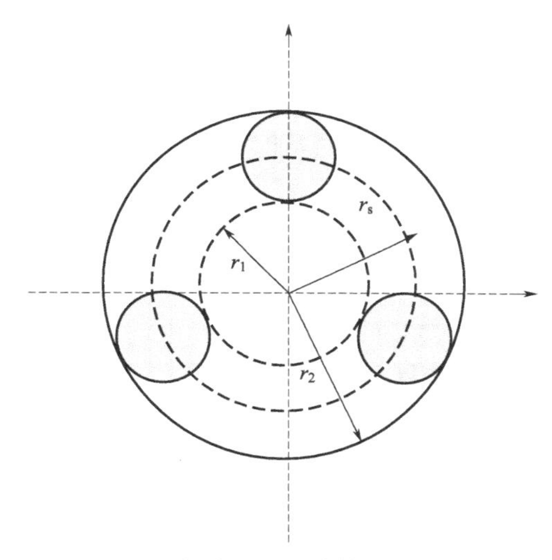

图 6-34　复合锚固桩计算截面示意图

作为抗滑结构，复合锚固桩在考虑桩体自身极限强度的同时还必须校核滑面处的稳定性。由于桩径小而桩身相对配筋率很高，所以桩体在滑面处的破坏将出现两种情形。如图 6-35 所示，当桩体处在坚硬岩体中（无侧限抗压强度大于 100MPa）时，桩体将在与滑面相交处因剪切和受拉而破坏［图 6-35(a)］；而在较软的岩土体中（无侧限抗压强度小于 100MPa），桩体将在与滑面相交处产生两个塑性铰，两个塑性铰中间的桩体倾角增大且桩体破坏主要是由于拉应力作用［图 6-35(b)］。

当桩周岩体较坚硬、桩体在与滑面相交处因剪切和受拉而破坏时，桩体的极限承载力和滑面的抗剪能力可以由以下公式来得到：

采用 miese 强度准则来判定桩体的屈服：

$$\sqrt{\sigma^2+3\tau^2}=\sigma_{\mathrm{y}} \tag{6-25}$$

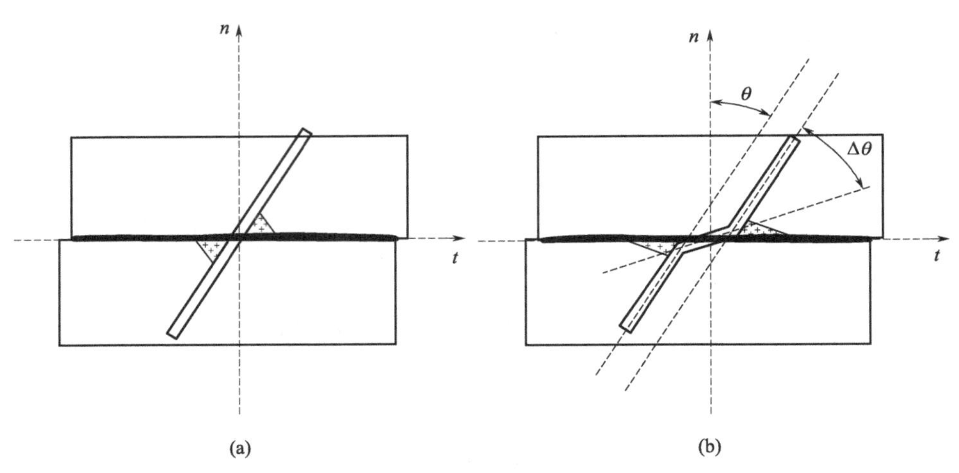

图 6-35　复合锚固桩在滑面处的破坏形式

可得滑面处桩体所能承受的最大剪应力为

$$\tau_{\mathrm{m}}=\sigma_{\mathrm{y}}/\sqrt{3} \tag{6-26}$$

式中，σ_{y} 为桩体整体的抗拉屈服强度。

则此滑面处的综合抗剪强度有：

$$\tau_{jb}=(\sigma_j+\sigma_b)f+(c_j+c_b) \tag{6-27}$$

$$\sigma_b=\eta(\bar{\sigma}\cos\theta+\bar{\tau}\sin\theta)$$

$$c_b=\eta(\bar{\sigma}\cos\theta-\bar{\tau}\sin\theta)$$

式中，σ_j、c_b 分别为滑面的法向应力和桩体轴向屈服应力；c_j、c_b 分别为滑面自身黏聚力和桩体等效黏聚力；f、$\bar{\tau}$、$\bar{\sigma}$ 分别为滑面处摩擦系数、剪应力、法向应力。

当岩体较软、桩体在与滑面相交处产生塑性铰时，如图 6-35(b) 所示，当桩体破坏时，滑面处桩体的倾角由 θ 变为 $\theta+\Delta\theta$，桩体的破坏是因为所受拉应力超过桩身屈服强度，根据最大塑性功原理，岩土体中桩体破坏时的倾角变化量 $\Delta\theta$ 与岩土体单轴抗压强度之间的关系可表示为如图 6-36 所示。

则据此可得到岩土体中桩体破坏时的倾角 θ_{f}：

$$\theta_{\mathrm{f}}=\theta+\Delta\theta \tag{6-28}$$

由桩体破坏的屈服判据

$$\left(\frac{R_N}{N_0}\right)^2+\left(\frac{R_T}{\mu N_0}\right)^2+\frac{M}{M_0}-1=0 \tag{6-29}$$

式中，N_0 为桩体极限抗拉强度；μN_0 为桩体极限抗剪强度；M 为弯矩；

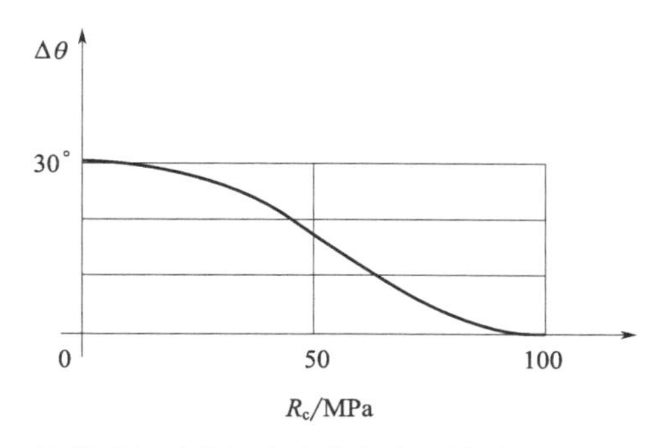

图 6-36　桩体破坏时的倾角变化与岩土体单轴抗压强度的关系

M_0 为桩体极限弯矩；R_N，R_T 分别为桩体所受拉力在沿桩身轴向和切向上的分量。

由于塑性铰的对称性，滑面处桩体所受弯矩可视为零，则式(6-29) 变为 R_N 和 R_T 平面内的一个椭圆，根据最大塑性功原理，对于任一位移 u，对于任一适宜外载 R，材料极限荷载 R_L 必须满足下列条件：

$$R_L u - Ru > 0 \tag{6-30}$$

则 R_L 在 R_N-R_T 椭圆上有：

$$R_L = N_0 \sqrt{\frac{1+T^2}{1+T^2/\mu^2}} \tag{6-31}$$

$$T = \tan\beta = \mu^2 \cot(\theta_f + \delta)$$

式中，δ 为位移方向与滑面的夹角，实际计算中通常假设 $\delta=0$。

由图 6-36 中获得 $\Delta\theta$，即可解得形成塑性铰的桩体所能承受的极限抗拉力。

将桩身的极限抗拉力代入式(6-17)：

$$C = R\sin(\theta+\beta) + R\cos(\theta+\beta)\tan\varphi$$

则可得滑面处抗剪强度。

6.4.2　滑面下锚固段稳定性计算

按照 CECS 22：2005，锚固段长度应满足式(6-18)。

由于采用了分段锚固技术，桩身轴向荷载由多个锚固段共同承担，因此对于复合锚固桩来说，按照规范其锚固长度的验算为：

$$\sum N_i > N_t, N_i = \frac{\pi D \psi f_{mg} L_i}{K}, L_i > \frac{K N_i}{n \pi d \varepsilon f_{ms} \psi} \tag{6-32}$$

式中，N_i 为第 i 段锚固段所分担的荷载；L_i 为第 i 段锚固段的长度。

其他参数意义同式(6-18)。

另外，锚固段的长度还应满足传递到滑动面以下的地层的侧壁应力不大于地层的侧向允许抗压强度。按地层情况分以下两种情况计算：

(1) 土层、松散破碎岩层

桩身对土及松散地层的侧壁压应力 $\sigma_{\max}$ 应符合：

$$\sigma_{\max} \leqslant \frac{4}{\cos\varphi}(\gamma y \tan\varphi + c) \tag{6-33}$$

式中，γ 为土体的重度；φ，c 分别为土体的内摩擦角和内聚力。

(2) 较完整岩质、半岩质地层

桩身作用于岩体的侧壁压应力应符合：

$$\sigma_{\max} \leqslant KCR \tag{6-34}$$

式中，K 为根据岩层构造在水平方向的岩石容许承压力的换算系数，取值 0.5～1.0；C 为折减系数，根据岩石的裂隙、风化及软化程度取 0.3～0.5；R 为岩石单轴抗压极限强度。

6.4.3 考虑土拱效应的桩间距计算

桩间距是抗滑桩设计的一个重要指标，桩间距过大可能造成抗滑作用失效，而桩间距过小则将扩大工程成本，因此，如何合理确定桩间距极为重要。基本假定如下：

① 桩及桩间土体简化为单位厚度的水平土层上的平面问题，并假定桩体为一刚性体，不产生位移；

② 土质为横观各向同性，在单位厚度的水平土层内，假定土拱区为连续、均匀介质进行研究；

③ 假定相邻两桩间的土拱主要在桩间后侧土体中形成，桩侧摩阻力对土拱形成的影响忽略不计；

④ 虽然桩间产生“楔紧”作用的土拱体有一定的厚度，但一般相对其高度而言较小，所以计算中不计土拱自重；

⑤ 假定桩后土压力沿桩间均匀分布，以分布力的形式作用于土拱上。

根据上述假定，沿桩长方向取单位高度的土拱进行分析，其简化计算模型如图 6-37 所示。在模型中，相邻两桩中心间距为 L，土拱跨度为 l，拱圈厚度为 t，拱高为 f，桩侧等效宽度为 b，作用于单位高度土拱上的桩后坡体线分布压力为 q，拱脚处反力分别为 F_x 和 F_y。

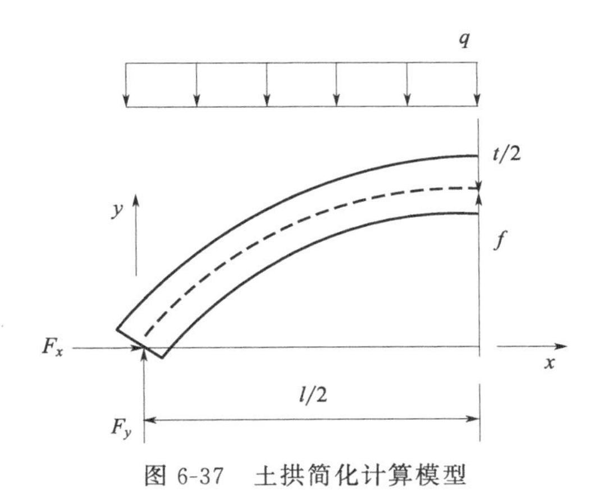

图 6-37　土拱简化计算模型

土拱是土体在力的作用下自发形成，形状必然应使其最大限度地发挥效益。因此土拱的拱形及结构一定是最合理的，结构力学上称这种拱形为“合理拱轴线”。合理拱轴线的受力特点是拱体单元剪力和弯矩处处为零，只受轴力作用。则由土拱拱体内弯矩处处为零，可建立如下方程：

$$F_y x - F_x y - \frac{qx^2}{2} = 0 \tag{6-35}$$

根据其对称性，由其 y 向合力为零、跨中部位弯矩为零，可得：

$$F_y = \frac{ql}{2} \tag{6-36}$$

$$\frac{F_y l}{2} - F_x f - \frac{ql^2}{8} = 0$$

联立可得：

$$F_x = \frac{ql^2}{8f} \tag{6-37}$$

$$y = \frac{4f}{l^2} x(l - x) \tag{6-38}$$

可知土拱的合理拱轴线为抛物线。

如图 6-38 所示，由于跨中截面弯矩为零，故跨中土拱最不利截面前缘 O 点应力为：

$$\sigma_1 = \frac{F_x}{tl} \tag{6-39}$$

$$\sigma_3 = q$$

对土体采用摩尔-库仑强度准则：

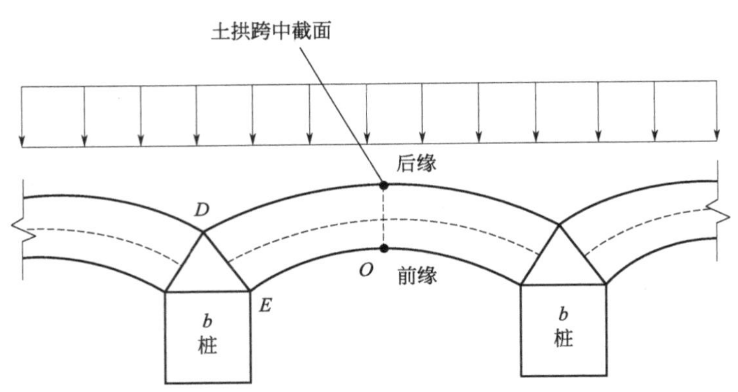

图 6-38　两侧土拱交汇处三角形受压区及跨中简图

$$\sigma_1=\sigma_3\tan^2\left(45°+\frac{\varphi}{2}\right)+2c\tan\left(45°+\frac{\varphi}{2}\right) \tag{6-40}$$

将式(6-39) 代入式(6-40)，即得：

$$\frac{F_x}{t}=q\tan^2\left(45°+\frac{\varphi}{2}\right)+2c\tan\left(45°+\frac{\varphi}{2}\right) \tag{6-41}$$

为保证相邻两桩间土拱正常发挥作用，不至于从桩间滑出，就需要两桩侧面的摩阻力之和不小于桩间作用于土拱上的压力，由此可得：

$$2(F_x\tan\varphi+ct)=ql \tag{6-42}$$

另外还应保证相邻土拱形成的三角形受压区能正常发挥效用而不被破坏，如图 6-39 所示，假设此时三角区内一点处于极限状态，则取 $b/2$ 宽度（b 为抗滑桩截面内接正方形边长）的三角区考察在截面 DE 上的受力情况，根据摩尔-库仑强度准则 $\tau=c+\sigma\tan\varphi$ 应有：

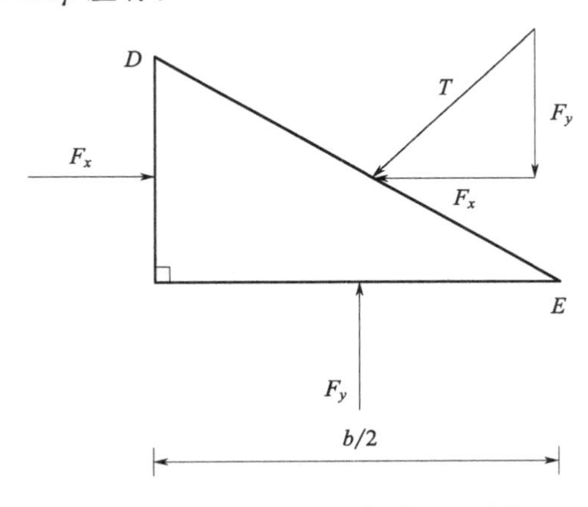

图 6-39　土拱交汇处三角受压区受力

$$T\cos(\alpha+\beta)=ct+T\sin(\alpha+\beta)\tan\varphi \tag{6-43}$$

式中，T 为作用于截面 DE 上的合力，$T=\sqrt{F_x^2+F_y^2}$；A 为截面 DE 与水平方向的夹角；B 为合力 T 与水平方向的夹角。

由图 6-39 中几何关系可知

$$\tan\beta=\frac{F_y}{F_x}=\frac{4f}{l},t=\frac{b}{2\cos\alpha}$$

代入式(6-37)，可得：

$$F_x=\frac{ql}{2\tan\beta} \tag{6-44}$$

将式(6-44) 代入式(6-42) 可得：

$$t=\frac{ql}{2c}\left(1-\frac{\tan\varphi}{\tan\beta}\right) \tag{6-45}$$

将式(6-45) 代入式(6-41) 解得：

$$(\tan\beta-\tan\varphi)\left[q\tan^2\left(45°+\frac{\varphi}{2}\right)+2c\tan\left(45°+\frac{\varphi}{2}\right)\right]=c \tag{6-46}$$

令 $k=q\tan^2\left(45°+\frac{\varphi}{2}\right)+2c\tan\left(45°+\frac{\varphi}{2}\right)$，则：

$$\tan\beta=\frac{c}{k}+\tan\varphi \tag{6-47}$$

联立式(6-37) 和式(6-44) 得合力 T：

$$T=\sqrt{F_x^2+F_y^2}=\frac{ql}{2\sin\beta} \tag{6-48}$$

将式(6-47) 和式(6-45) 代入式(6-43) 可得：

$$\frac{\cos(\alpha+\beta)}{\sin\beta}-\frac{\sin(\alpha+\beta)}{\sin\beta}\tan\varphi+\frac{\tan\varphi}{\tan\beta}=1 \tag{6-49}$$

求得的 β 代入式(6-49) 即可求出 α 值，最后得出桩间净距的表达式为：

$$l=\frac{b(c+k\tan\varphi)}{q\cos\alpha} \tag{6-50}$$

则有相邻两桩中心间距为：$L=l+b$。

需要注意的是，复合锚固桩的“分段多次高压注浆”施工工艺将对桩周土体产生显著的改性作用，注浆改性加强后土体的各项参数都有所提高，因此在计算拱脚桩侧摩阻力和土拱自身强度的时候，应按照相关文献[1]，采用注浆改性后土体的内摩擦角 φ_E 和内聚力 c_E 来替代原土体的 φ、c 值进行计算，则式(6-50) 变为：

$$l_{\mathrm{E}}=\frac{b(c_{\mathrm{E}}+k\tan\varphi_{\mathrm{E}})}{q\cos\alpha} \tag{6-51}$$

$$k=q\tan^{2}\left(45^{\circ}+\frac{\varphi_{\mathrm{E}}}{2}\right)+2c_{\mathrm{E}}\tan\left(45^{\circ}+\frac{\varphi_{\mathrm{E}}}{2}\right)$$

则最终考虑土拱效应的复合锚固桩相邻两桩中心间距为 $L=l_{\mathrm{E}}+b$。

6.4.4 整体结构的稳定性分析

目前复合锚固桩整体结构的抗滑力计算没有相关规范可参照，比较适宜的方法是建立滑坡的整体数值模型来进行分析计算。若没有条件进行数值分析或者仅需要对工程进行初步评估时，考虑到复合锚固桩桩径小、桩距近、整体结构密集，桩周土体经过压力注浆改性，且桩顶有连续梁或面层连接等特性，参考前面章节的结论，可以将复合锚固桩整体结构视作一个整体的柔性抗滑挡墙，采用等效刚度方法来计算整体的受力情况。

如图 6-40 所示，对于承受垂直力 N、水平力 H 和弯矩 M，桩径为 d_i、桩间净距为 t_i、排间净距为 $c_{i\sim i+1}$ 的复合锚固桩整体结构，按照抗弯刚度相等的原则，可将其转化为长为 $d+t$、厚度为 h 的连续抗滑挡墙，如图 6-41 所示。

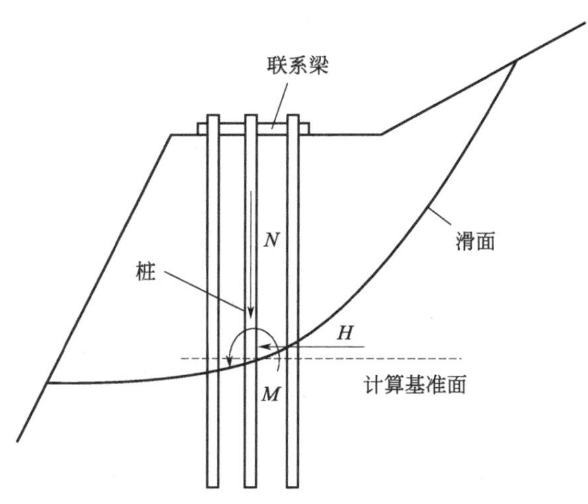

图 6-40　复合锚固桩整体结构计算简图

由复合锚固桩和等效抗滑挡墙抗弯刚度相等，可得第 i 排复合锚固桩等效抗滑挡墙厚度 h_{pi} 为：

$$h_{pi}=0.838d_{i}\sqrt[3]{\frac{d_{i}}{d_{i}+t_{i}}} \tag{6-52}$$

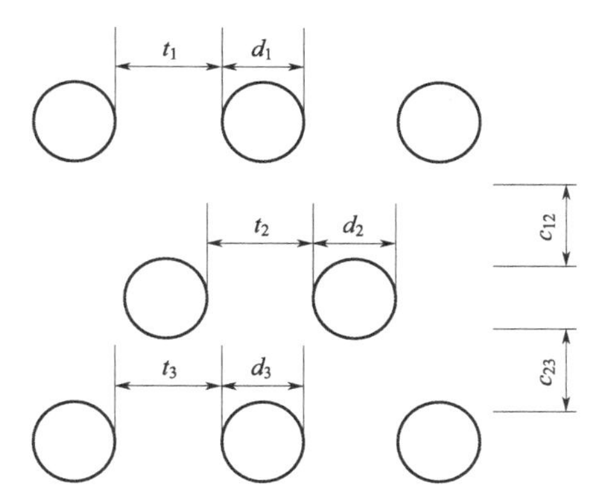

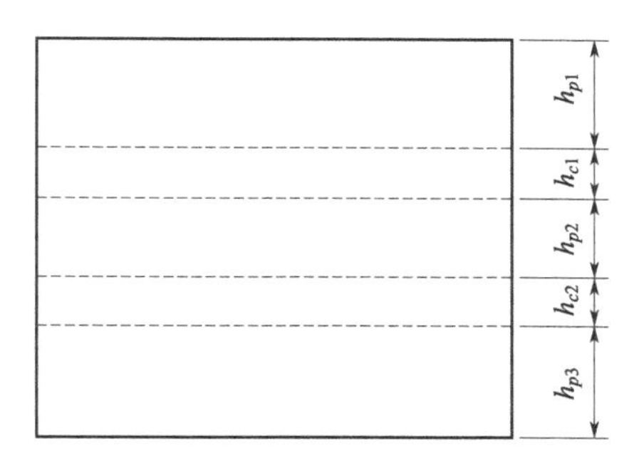

图 6-41　复合锚固桩与抗滑挡墙的等效刚度折算

由于复合锚固桩的施工过程存在着对桩周土体的注浆改性作用，改性后的桩间土体强度增加，所以其对总体结构抗弯刚度的贡献不可忽略。对于桩间净距为 $c_{i\sim i+1}$ 的第 i 排桩和第 $i+1$ 排桩之间的土体，有：

$$EI_{i\sim i+1}=\frac{1}{12}E_{i\sim i+1}(d_i+t_i)c_{i\sim i+1}^3 \tag{6-53}$$

式中，$E_{i\sim i+1}$ 为第 i 排桩和第 $i+1$ 排桩之间桩间改性土体的弹性模量。

则复合锚固桩整体结构等效抗滑挡墙的总抗弯刚度 EI_w 为：

$$EI_w=\sum_{i=1}^{n}E_p\left[\frac{(2h_{pi}+c_{i\sim i+1})^3-c_{i\sim i+1}^3}{24}\right]+\sum_{i=1}^{n}\frac{1}{12}E_{i\sim i+1}c_{i\sim i+1}^3 \tag{6-54}$$

式中，EI_w 为每单位长度复合锚固桩整体结构的总抗弯刚度，根据截面形状按照相关混凝土结构的设计公式计算；E_p 为桩的弹性模量。

得到总抗弯刚度之后，即可按照每排桩抗弯刚度与总抗弯刚度的比值来确定各自所承担的荷载，若厚度为 h 的等效抗滑挡墙上每单位长度所受的弯矩为 M_w、剪力为 Q_w、位移为 U_w，则有第 i 排桩上每根锚固桩的内力：

$$M_{pi}=\frac{EI_i}{EI_w}M_wt_i$$

$$Q_{pi}=\frac{A_i}{A_w}Q_wt_i \tag{6-55}$$

$$U_{pi}=U_w$$

式中，A_i 为第 i 排桩的桩身截面积；A_w 为整体结构的总桩身截面积。其他参数意义同前。

目前对于抗滑挡墙在水平荷载作用下的位移和内力计算，通常采用将墙作为弹性地基上的梁的方法，将整个墙分为两部分，滑动面以上视为悬臂梁，滑动面以下视为弹性地基梁，则对于滑动面以上的悬臂梁有：

$$
\begin{aligned}
Q_0 &= E_1 - E_2 \\
M_0 &= E_1 h_0 - E_2 h_0'
\end{aligned}
\tag{6-56}
$$

式中，Q_0，M_0 分别为滑动面处墙的剪力（kN）和弯矩（kN·m）；E_1 为每单位长墙承受的滑坡推力，kN/m；E_2 为每单位长墙承受的剩余抗滑力，kN/m；h_0 为滑坡推力分布图形重心至滑动面的距离，m；h_0'—剩余抗滑力分布图形重心至滑动面的距离，m。

对于滑面下的墙体部分，取单位长度的一定厚度的抗滑挡墙按弹性地基梁建立墙身的挠度微分方程式为：

$$EI\frac{\mathrm{d}^4 y}{\mathrm{d}z^4} + bmzy_z = 0 \tag{6-57}$$

式中，b 为墙体的计算宽度，m；m 为土层水平抗力系数的比例系数，m^{-1}；z 为深度，m；y_z 为深度 z 处的水平挠曲变形，m。

由于复合锚固桩整体结构是整体埋置于土中，则按照 m 法，有抗滑挡墙的内力和位移为：

$$
\begin{aligned}
&\text{位移} \quad y_z = y_0 A_1 + \frac{\varphi_0}{\alpha}B_1 + \frac{M_0}{\alpha^2 EI}C_1 + \frac{H_0}{\alpha^3 EI}D_1 \\
&\text{墙侧向应力} \quad p = mz\left(y_0 A_1 - \frac{\varphi_0}{\alpha}B_1 + \frac{M_0}{\alpha^2 EI}C_1 + \frac{H_0}{\alpha^3 EI}D_1\right) \\
&\text{转角} \quad \varphi_z = \alpha y_0 A_2 + \varphi_0 B_2 + \frac{M_0}{\alpha EI}C_2 + \frac{H_0}{\alpha^2 EI}D_2 \\
&\text{弯矩} \quad M_z = \alpha^2 EI\left(y_0 A_3 - \frac{\varphi_0}{\alpha}B_3 + \frac{M_0}{\alpha^2 EI}C_3 + \frac{H_0}{\alpha^3 EI}D_3\right) \\
&\text{剪力} \quad Q_z = \alpha^3 EI\left(y_0 A_4 - \frac{\varphi_0}{\alpha}B_4 + \frac{M_0}{\alpha^2 EI}C_4 + \frac{H_0}{\alpha^3 EI}D_4\right)
\end{aligned}
\tag{6-58}
$$

式中，y_0，φ_0 分别为地面处的水平位移和转角；A，B，C，D 分别为按照 m 法计算时所需的无量纲系数。在土力学相关规范中查取其值或计算公式，由此即可获得等效抗滑挡墙的内力。

6.4.5 实例计算验证

取公路某土质边坡实例按照前面所述方法进行计算，边坡的相关资料如下：

（1）滑体

经钻探揭露，滑体土主要为低液限黏土，褐黄、紫灰色至深灰色，稍湿，可塑，粘手，约具砂感，黏粒约占75％，局部含10％～15％圆砾及角砾，含约5％的块石，其渗透性均较差。据测试资料表明低液限黏土天然重度18.16kN/m^3，孔隙比0.542，液限31.7％，塑限16.6％，塑性指数10.08，液性指数0.13，压缩模量7.27MPa；天然状态峰值标准值c＝20.9kPa，φ＝22°。

（2）滑面

滑带土主要为黄褐色低液限黏土，多呈可塑～软塑状，其含水量比滑体土偏高。低液限黏土天然重度15.64kN/m^3，孔隙比0.538，液限31.41％，塑限16.57％，塑性指数14.85，液性指数0.09，压缩模量7.5MPa；天然状态峰值标准值c＝17.25kPa，φ＝14.7°，坡度17°左右。

（3）滑床

滑床主要由第四系崩坡积层、上更新统的冰水堆积层含砾低液限黏土、粉砂质泥岩组成，基岩粉砂质泥岩天然重度为25.5kN/m，天然抗压强度标准值为8.46MPa，饱和抗压强度标准值为4.45MPa。

按照滑坡的工程地质资料，算得滑坡推力为197.6kN/m，工程中采用的复合锚固桩桩径为0.18m，分三排布置，桩距与排距均为1.5m，桩设计长度16m，计算中滑面上平均受荷长度取为8m，内置三根ϕ32mm钢筋（HRB335）作为杆体，桩体弹性模量E_p为2.08×10^{10}Pa，桩间注浆改性土体弹性模量E_c取为5×10^7Pa，内摩擦角和内聚力为26.5°和75kPa。

由前述研究，可得考虑土拱效应的极限桩距有：

$$l_g=0.18\times\frac{75+153.02}{22.2}+0.18=2.028(\mathrm{m})>1.5(\mathrm{m})$$

由此可知桩距满足要求。

令等效抗滑挡墙的弹性模量等于桩体的弹性模量，则由整体抗弯刚度相同的等效刚度法，有单排桩的等效抗滑挡墙厚度为：

$$h_p=0.838d_i\sqrt[3]{\frac{d_i}{d_i+t_i}}=0.0744\mathrm{m}$$

等效抗滑挡墙其总抗弯刚度为：

$$\begin{aligned}EI_w&=\sum_{i=1}^{n}E_p\left[\frac{(2h_{pi}+c_{i\sim i+1})^3-c_{i\sim i+1}^3}{24}\right]+\sum_{i=1}^{n}\frac{1}{12}E_{i\sim i+1}c_{i\sim i+1}^3\\&=2.08\times10^{10}\times\frac{(2\times0.0744+1.32)^3-1.32^3}{24}\times3+\frac{1}{12}\times5\times10^7\times1.32^3\times2\end{aligned}$$

$=2258.75+19.17=2277.92\text{MN}\cdot\text{m}^2$

根据岩性及地层情况，滑面处的地基系数 $K=300000\text{kN/m}^3$，滑床土的地基系数随深度变化的比例系数 $m=80000\text{kN/m}^4$，则采用 m 法、按照弹性地基梁来计算等效抗滑挡墙的内力：

水平变形系数 $\alpha=\sqrt[5]{\dfrac{mB_p}{EI}}=0.5879\text{m}^{-1}$。

$y=0$ 时，$M=M_0$，$Q=Q_0$。

当 $y=h$ 时，由桩底为自由端的边界条件，$M_h=0$，$Q_h=0$，可建立下列方程：

$$\begin{aligned}
\frac{M_0}{\alpha^2 EI}&=x_a A_3^0+\frac{\varphi_a}{a}B_3^0+\frac{M_a}{\alpha^2 EI}C_3^0+\frac{Q_a}{\alpha^3 EI}D_3^0\\
\frac{Q_0}{\alpha^3 EI}&=x_a A_4^0+\frac{\varphi_a}{a}B_4^0+\frac{M_a}{\alpha^2 EI}C_4^0+\frac{Q_a}{\alpha^3 EI}D_4^0\\
0&=x_a A_3^h+\frac{\varphi_a}{a}B_3^h+\frac{M_a}{\alpha^2 EI}C_3^h+\frac{Q_a}{\alpha^3 EI}D_3^h\\
0&=x_a A_4^h+\frac{\varphi_a}{a}B_4^h+\frac{M_a}{\alpha^2 EI}C_4^h+\frac{Q_a}{\alpha^3 EI}D_4^h
\end{aligned} \tag{6-59}$$

式中，$A_3^0 \sim D_4^0$ 为无量纲影响系数，查表得：

$$A_3^0=-1.70334，B_3^0=-1.9215，$$

$$C_3^0=-0.28436，D_3^0=-1.5720。$$

$$A_4^0=-2.13077，B_4{}^0=-3.3791，$$

$$C_4^0=-2.87222，D_4^0=-0.7095。$$

$$A_3^h=47.01846，B_3^h=300.74362，$$

$$C_3^h=449.1901，D_3^h=372.80746。$$

$$A_4^h=-261.1537，B_4^h=14.86901，$$

$$C_4^h=448.88571，D_4^h=658.47376。$$

解得：

$$x_a=1.834\times10^{-3}\text{m}$$

$$\varphi_a=1.286\times10^{-3}\text{rad}$$

$$M_a=-4024.355\text{kN}\cdot\text{m}$$

$$Q_a=1926.855\text{kN}$$

剪力为0的一点即为弯矩最大点，求得当埋深 $y=0.5357\text{m}$ 时 $Q_y=0$，查表得到当 $z=0.5357\text{m}$ 时的 A_3、B_3、C_3、D_3，得最大弯矩和最大侧向应力：

$$M_{\max}=576.73\text{kN}\cdot\text{m}$$

$$\sigma_{\max}=218.74\text{kPa}$$

则每排复合锚固桩所受最大弯矩为：

$$M_{p\max}=\frac{M_{\max}EI_p}{EI_w}t=576.73\times0.329\times1.5=285.94\text{kN}\cdot\text{m}$$

由材料参数,可得含三根 $\phi32\text{mm}$ 钢筋的单根复合锚固桩能承受的最大弯矩为：

$$M_p=321\text{kN}\cdot\text{m}>M_{p\max}$$

可知复合锚固桩桩身强度满足要求。

对于滑面处，由滑坡土体的工程地质性质，查得 $\Delta\theta=29°$，则

$$\theta_{\text{f}}=\theta+\Delta\theta=46°$$

将 θ_{f} 代入解得

$$R_{\text{L}}=N_0\times0.9641$$

对于本工程中采用的桩体来说，三根 $\phi32\text{mm}$ 钢筋截面积为 0.0024m^2，查混凝土手册得钢筋极限抗拉屈服强度设计值为300MPa，则有：

$$N_0=0.0024\times300=720\text{kN}$$

$$R_{\text{L}}=N_0\times0.9641=694.15\text{kN}$$

含单根复合锚固桩的滑面综合抗剪强度：

$$C=694.15\times0.7768+694.15\times0.6292\times0.2623=653.8\text{kN}$$

由桩体所受的极限轴向力 $R_T=R_{\text{L}}\cos(\theta+\beta)$，可对复合锚固桩的锚固段长度进行验证，于锚杆规范中查取相关参数，计算得：

$$L>\frac{KN_t}{\pi D\psi f_{\text{mg}}}=\frac{694.15\times10^3\times0.6292\times1.6}{3.14\times0.18\times1.3\times0.45\times10^6}=2.11\text{m}$$

可知锚固长度满足要求，同时由滑坡土体的工程地质性质，可知锚固段的最大侧应力：

$$\sigma_{\max}=218.74\text{kPa}$$

$$KCR=0.5\times0.3\times8600=1290\text{kPa}$$

$$\sigma_{\max}<KCR$$

承载力满足要求。

可见本章提出的复合锚固桩抗滑结构稳定性验算的相应方法，用工程实例进

行计算分析后，已证明其适用性。

参考文献

[1] 张友葩，吴顺川，方祖烈．土体注浆后的性能分析［J］．北京科技大学学报，2004（03）：240-243.

[2] 刘静．基于桩土共同作用下的抗滑桩的计算与应用研究［D］．长沙：中南大学，2007：140-141.

[3] Amhest Mass. Coyne A G，Canou J. Model Tests of Micropile Networks Applied to Slope Stabilization In：Balkema A A Proceedings of the 14th International Conference on SoilMechanics and Foundation Engineering［J］. International Conference on Soil Mechanics and Foundation Engineering，1997（9）：1223-1226.

[4] Tomio Ito. Design method for the stability piles against landslide—one row of piles［J］. Soil and Foundation，1981，21（1）：21-37.

[5] Tomio Ito. Extended design method for multi-row stabilizing piles against landslide［J］. Soil and foundation，1982，22（1）：1-13.

[6] 戴自航．抗滑桩滑坡推力和桩前滑体抗力分布规律的研究［J］．岩石力学与工程学报，2002，21（4）：517-521.

[7] Farmer I W. Stress distribution along a resin grouted rock anchor［J］. Int J Rock Mech Min Sci，1975，12：347-351.

[8] 张锐．基于离散元细观分析的土壤动态行为研究［D］．长春：吉林大学，2005.

[9] 周健，池永．颗粒流方法及离散元程序［J］．岩土力学，2000，21（4）：271-274.

[10] A C W，A D D T，B P A L. Numerical analysis of the stability of heavily jointed rock slopes using PFC2D［J］. International Journal of Rock Mechanics and Mining Sciences：2003，40（3）：415-424.

[11] Nakata Y，Bolton M D. Discrete element simulation of crushable soil［J］. Geotechnique，2003，53（7）：633-641.

[12] 吴顺川，张晓平，刘洋．基于颗粒元模拟的含软弱夹层类土质边坡变形破坏过程分析［J］．岩土力学，2008，29（11）：2899-2904.

[13] Itasca C G. Manuals of PFC3D v. 5. 0：theory and background［M］，［S. L.］：［s. n.］，2016.

第7章

复合锚固桩工程应用实例

复合锚固桩作为一种新的微型工程桩，尽管其桩径较小、单桩承载力相对较低，但由于其桩与土之间接触紧密，以复合体结构共同承担荷载，并可以通过密布获得群桩效应，在特殊情况下，甚至可以取得常规工程桩难以达到的工程效果，本书前述章节通过理论研究已充分证明了这一点，当然这一切尚需实际工程的验证。本章即以多个工程应用实例，证明复合锚固桩应用于具体工程的良好效果。

7.1　洛三高速王庄大桥基坑加固工程

7.1.1　工程概况

洛三高速公路K94+114王庄大桥，上部为5～50m预应力混凝土简支T型梁，下部为钢筋混凝土薄壁箱型墩、片石混凝土扩大基础，桥墩基础要求置于基岩上，设计地基承载力不小于0.6MPa；而在基坑开挖过程中，当挖至设计标高(709.187m)后，基坑底部半土半岩，经继续下挖至标高702.315m，采用承载板逐渐加压法对该基坑地基承载力进行检验，结果表明，基坑东南侧三角地段的容许承载力满足设计要求，基坑西北侧三角地段的承载力仅为300kPa，不能满足设计要求，经初步分析，其主要原因有：

① 组成基坑的岩体风化严重，且风化程度严重不均，基本呈碎石块状，强度极低，静载试验点周围出现大量放射性开裂和环形挤压开裂；

② 基坑底部岩体节理、层理、裂隙发育，基坑岩体被大小不一的结构面分割成软弱的碎块，导致岩体承载能力较差。

由于周围地形的限制，已经不能通过继续下挖至稳定地层的方式以达到承载力的要求，必须采取适当措施对基础进行直接加固。

7.1.2　加固方案

基础软弱地基加固处理方法较多，考虑到现场施工条件和王庄大桥1#墩南半幅基坑岩性的特殊性，在对各种处理方案的技术经济比较和充分分析研究的基础上，最终确定选择中高压注浆的复合锚固桩进行加固，以达到经济、有效、简便的目的。

为了确保施工进度，基坑不再向下开挖，在现有基坑底板施工钻孔，安设复

合锚固桩。基坑地基处理后经静载加压试验确定基坑承载力满足设计要求，方可进行上部结构的施工。

考虑复合锚固桩桩体直径与桩中心间距相比较小，设计中不考虑群桩效应。由于锚固段全部位于风化岩层中，因此锚杆体与浆体之间的握裹力及浆体与钻孔孔壁岩体之间的黏结力是复合锚固桩承载的薄弱环节，锚固段应按锚杆桩与浆体结合破坏、锚杆桩与岩土体结合破坏两种形态来考虑，设计方案采用桩径130mm、杆体直径32mm、桩总长12m的复合锚固桩，具体布置方案如图7-1。

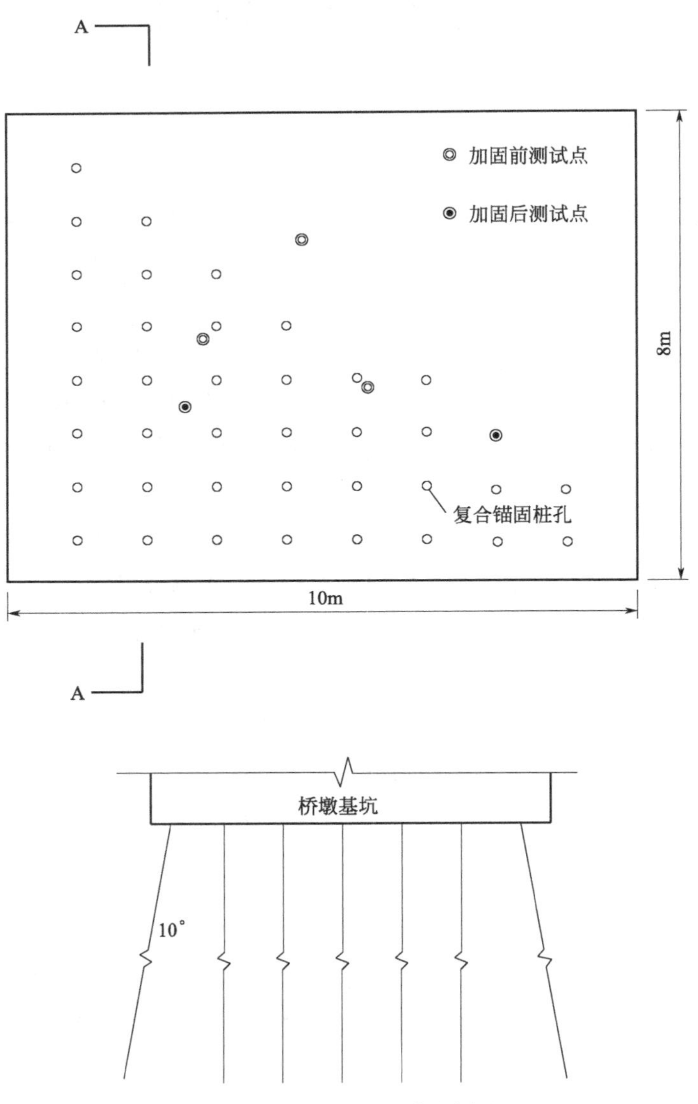

图 7-1　桥基加固设计纵剖图

① 以基坑西北角地基承载力不能满足设计要求范围为主要加固对象，布设41个直径130mm的钻孔，钻孔深度12m。

② 每个钻孔安设两个锚固杆体，杆体单元长度分别为6m、12m，锚固长度分别为6m、7m，最外圈的锚固桩外倾10°，杆体采用ϕ32mm二级热轧螺纹钢，采用对焊或机械方式连接。

③ 注浆压力为3MPa，浆体采用素水泥浆或砂浆，浆体强度M20。

7.1.3　施工流程及加固效果检验

复合锚固桩的施工流程包括：

(1) 施工钻孔

在设计位置施工钻孔，孔径130mm，孔深12.5m，钻机使用QZG-100B型潜孔钻，空压机规格12m^3。

(2) 杆体制作及安装

杆体安装前进行除锈、除油，并按设计要求加工自由段，沿杆体每3m焊接定位支架，确保安装后杆体不发生偏斜。

(3) 中高压注浆

杆体安装入位后，使用C20砂浆封孔，并在孔口预留注浆管及出气管，封孔砂浆强度达到80%后进行中高压注浆，浆液水灰比0.5∶1，注浆压力3MPa，注浆选用TGZ-6/150型高压泥浆泵，搅拌选用立式水泥浆搅拌机。

为确保加固效果、验证复合锚固桩加固方案的有效性，工程完成后对桥墩基础和复合锚固桩进行了静载试验（图7-2）。

图7-2　静载试验现场

由图 7-3、图 7-4 的试验结果可知：

① 桩间加固岩土体试验荷载与变形量基本呈线性，在试验荷载范围内基岩呈弹性变形，未出现剪切破坏。

② 根据加固岩土体最大试验荷载对应的变形量，参考规范可确定岩土体承载力大于试验荷载。

③ 加固岩土体极限承载能力大于 1000kPa，复合锚固桩的极限承载能力大于 600kN，加固基础综合承载能力大于 870kPa（取安全系数 $K=2$）。

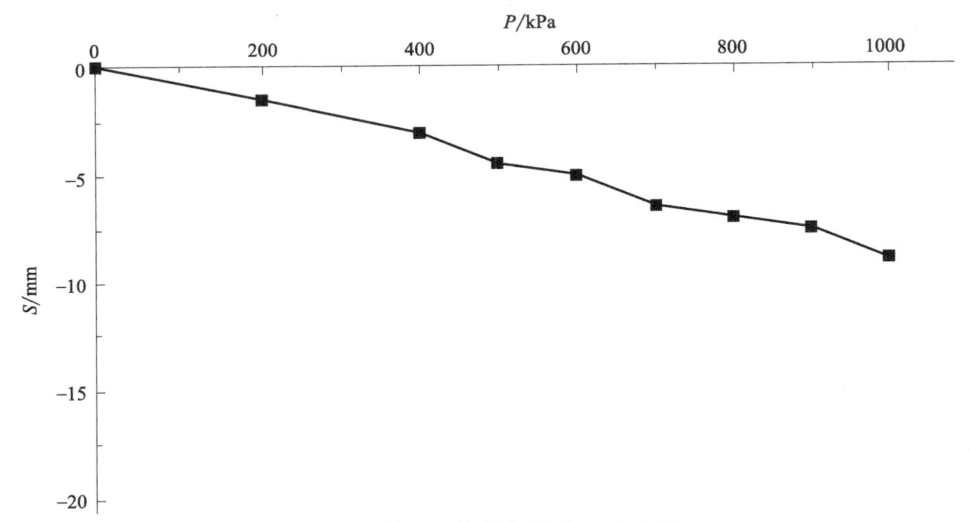

图 7-3　桩间土体静载试验 P-S 曲线

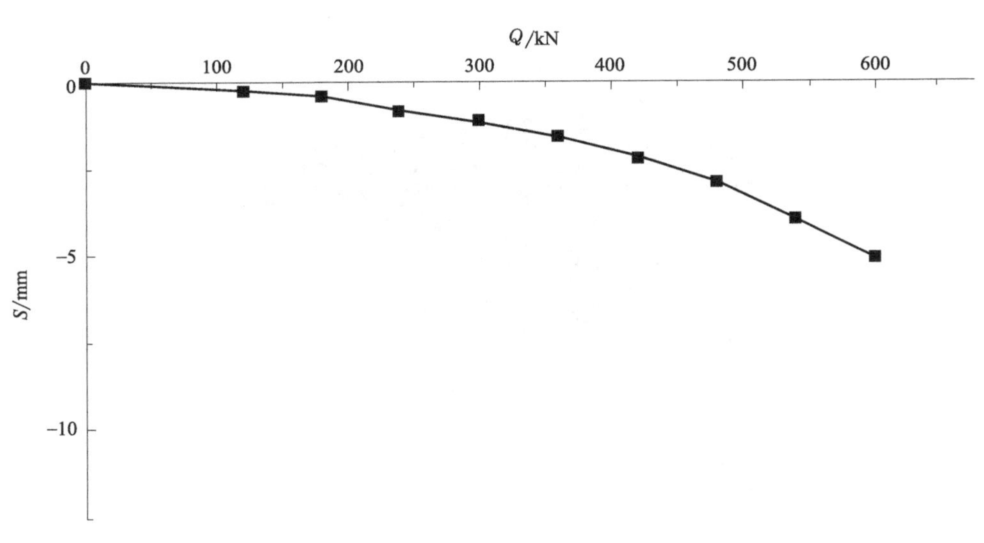

图 7-4　复合锚固桩静载试验 Q-S 曲线

7.2 国贸桥桩地铁开挖支护项目

7.2.1 工程概况

国贸桥是北京东三环路的特大枢纽桥，地铁国贸站两条换乘通道的开挖过程中遇到困难，工程一度被迫停顿，原因是换乘通道需从国贸主桥1、2、3号桥桩间穿过，开挖边线距桥桩最近处只有1.45m（见图7-5）。更为严重的是，换乘通道的开挖深度大于原桥桩的深度，开挖必然导致上部土体沉降，进而降低桥桩的摩阻力，如不采取有效的隔离手段，就有可能酿成国贸桥主体下沉甚至倒塌的严重后果。

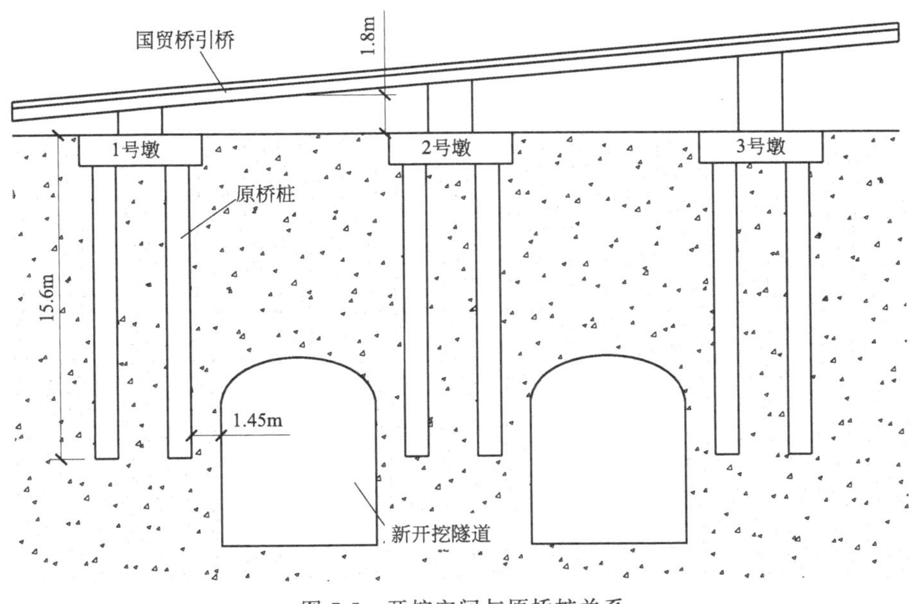

图7-5 开挖空间与原桥桩关系

鉴于上述问题，建设指挥部决定，在换乘通道开挖之前，必须采取有效措施对开挖空间与原桥桩进行隔离，绝对确保原桥桩本身的稳定以及开挖施工过程的安全。

传统的隔离方案在原桩基四周打一圈钢板桩或做灌注桩等进行隔离，但本项目没有足够的施工空间，桥下施工净空高度局部不足2m，无法架设常规的成桩设备。工程范围内有一砾卵石层和粉砂层，稳定性较差，打常规隔离桩会造成原土层结构被扰动，进而导致原桥桩摩阻力下降。

7.2.2 设计方案

采用复合锚杆桩作为隔离桩，布置平面图如图 7-6 所示，锚杆隔离桩布置立面图如图 7-7 所示。施工方案是：桥墩基础周围垂直钻凿两排钻孔，插入钢筋，通过预埋管在锚杆桩安装的同时进行分层多次高压注浆形成复合锚固桩，在原桥桩周围形成一道隔离围墙。每根锚杆桩长 21.6m（超过开挖空间底板 2.5m），间距 1000mm，内外排间距 800mm，梅花形布置。该方案施工机械体积小，最低施工净空 1.0m 左右，可以满足最苛刻的施工条件。

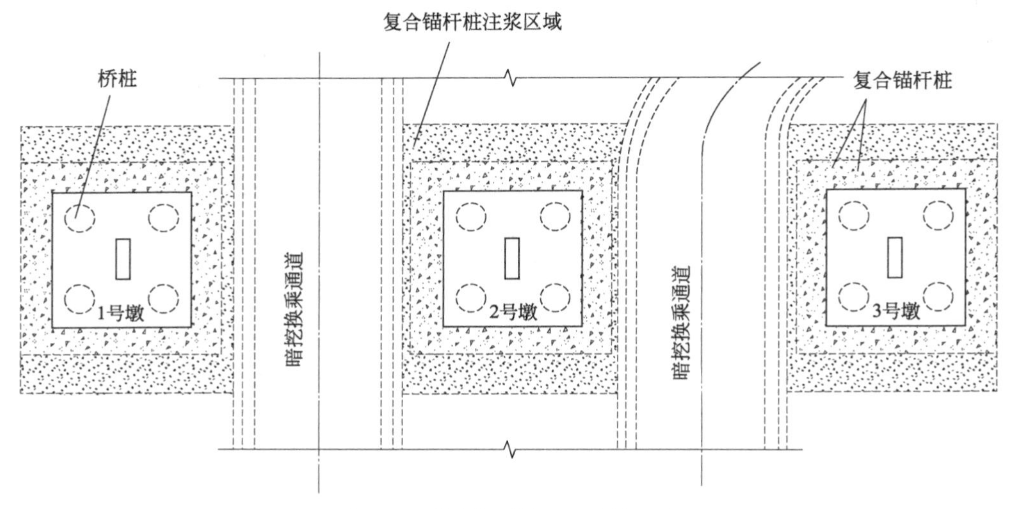

图 7-6　锚杆隔离桩布置平面图

锚杆体由 3 根 ϕ20mm 螺纹钢构成，中间每隔 1000mm 安装一个隔离环作定位支撑。成孔后将加工好的锚杆分段连接、一次性插至孔底即实行分层多次高压注浆（如图 7-8 所示），实现分段锚固的目的。

如图 7-9 所示，通过对桥桩的差异沉降量进行归纳，结果表明复合锚固桩施工完成后，相邻原桥桩的最大差异沉降量不足 1mm，几乎可以忽略，说明地铁开挖过程中不会由于产生差异沉降而引起原桥桩的破坏。

施工现场如图 7-10 所示，经过近半年的开挖施工，两条人行通道顺利开挖通过了原桥桩段，各工况下桩顶、底差异沉降量见表 7-1，监测结果表明，桥桩总体沉降量最大值低于 3mm，没有出现明显的位移变形；地表沉降最大值仅 115mm，远远低于设计规定的 300mm 的地表沉降控制标准。

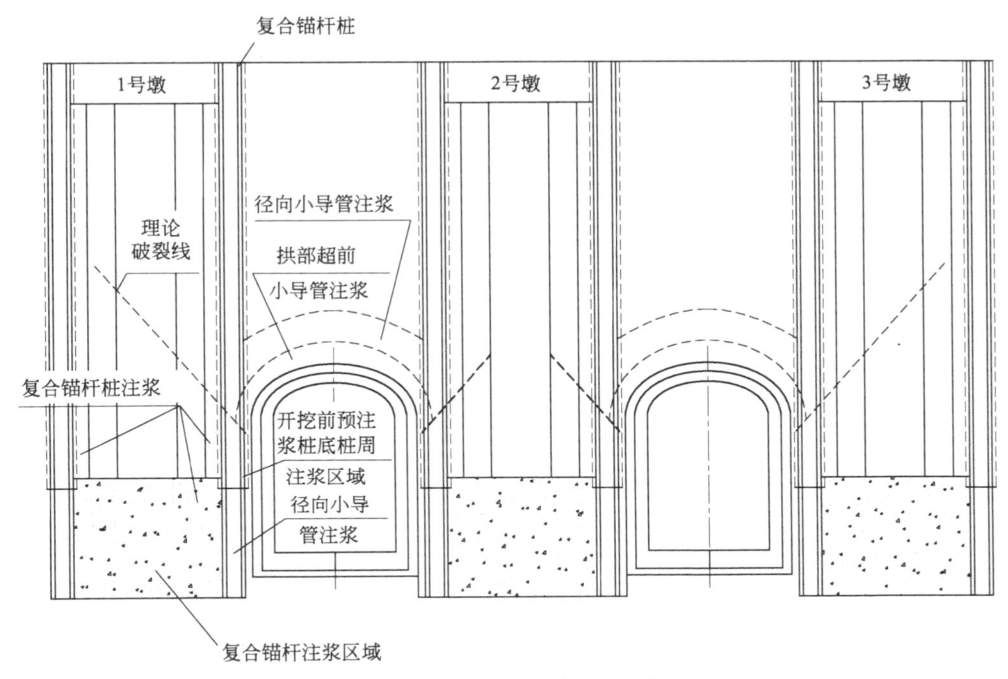

图 7-7　锚杆隔离桩布置立面图

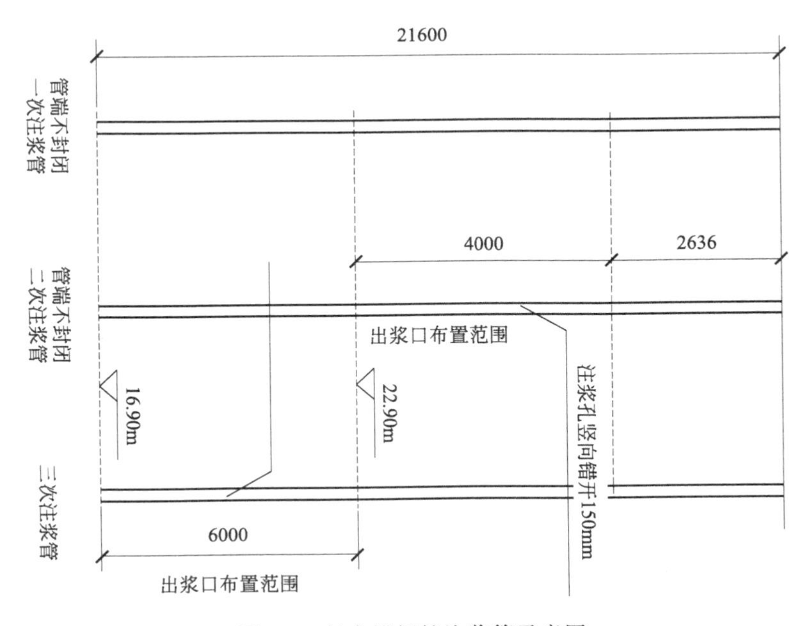

图 7-8　复合锚杆桩注浆管示意图

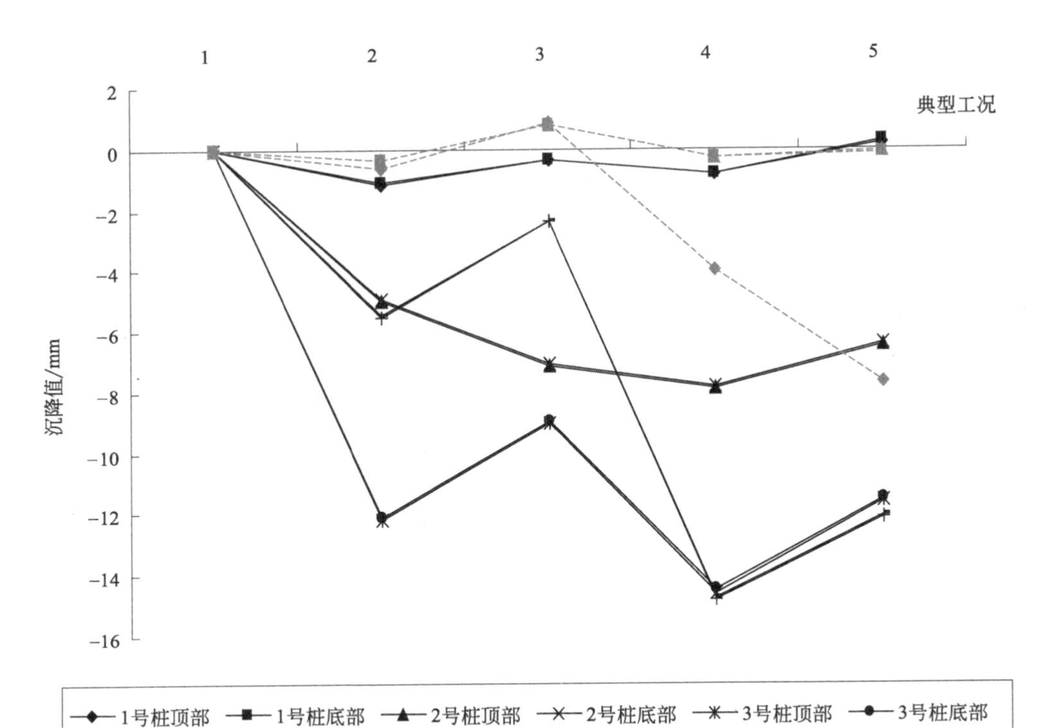

图 7-9　桥基沉降观测点随典型施工工况变化情况

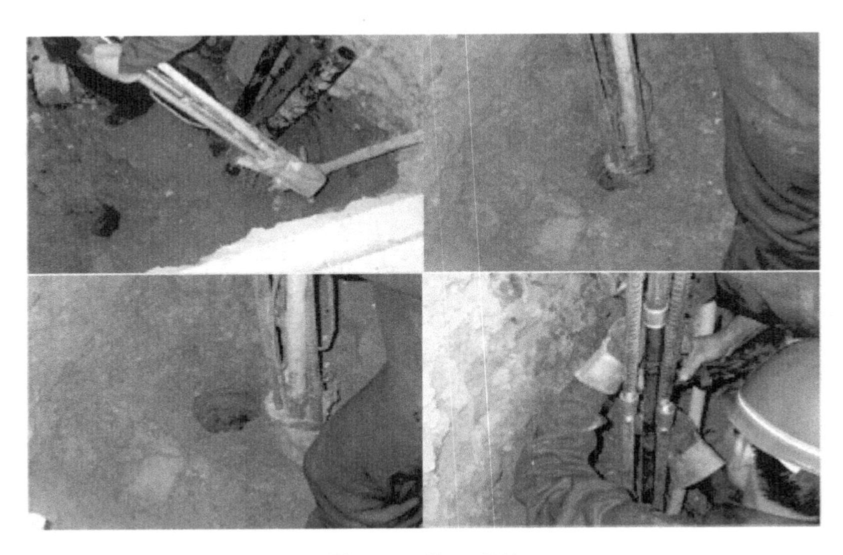

图 7-10　施工现场

表 7-1　各工况下桩顶、底差异沉降量　　　　单位：mm

典型工况	2	3	4	5
1 号桩顶	−1.128	−0.3789	−0.8526	0.2147
1 号桩底	−1.104	−0.3236	−0.7966	0.269
差异沉降	−0.024	−0.0553	−0.056	−0.0543
2 号桩顶	−4.994	−7.122	−7.863	−6.468
2 号桩底	−4.919	−7.079	−7.815	−6.421
差异沉降	−0.075	−0.043	−0.048	−0.047
3 号桩顶	−12.16	−9.019	−14.56	−11.59
3 号桩底	−12.12	−8.98	−14.47	−11.5
差异沉降	−0.04	−0.039	−0.09	−0.09

7.3　新立矿区副井井塔加固项目

7.3.1　项目概况

三山岛金矿新立矿区位于山东省莱州市北部的渤海海滨，于 2005 年 12 月建成投产，设计产能 1500t/d，改扩建后矿区产能超过 6000t/d。提运作业人员、设备和材料的副井其井塔为框架结构，共 4 层，总高度 33.5m。位于副井井塔西部的坑口服务室建成于 2006 年 10 月，2 层框架结构。位于副井井塔南部的坑口服务楼建成于 2013 年 6 月，4 层框架结构，具体分布位置如图 7-11 所示。

副井井塔自建成以来，一直在发生不均匀沉降变形。副井井塔整体平均下沉 211mm，其中副井井塔东南角下沉 171mm，东北角下沉 168mm，西南角下沉 260mm，西北角下沉 243mm。不均匀沉降致使井塔向西倾斜，西南角相对东南角偏斜 204mm。副井井塔东西向沉降差达 10cm，造成了框架结构整体偏斜，提升机中心线发生移位，竖向支撑立柱变形弯曲，井塔外墙开裂等现象（图 7-12）。

图 7-11　副井井塔附近建（构）筑物分布图

(a) 东侧墙体开裂

(b) 立柱变形弯曲

图 7-12　副井井塔基础不均匀沉降造成的现象

7.3.2 工程地质条件

根据原始勘察报告，副井井塔基础的持力层分别为：①粗砾砂，极限侧阻力 q_{sk}＝50kPa；②砂质粉土，极限侧阻力 q_{sk}＝30kPa；③粉土，极限侧阻力 q_{sk}＝50kPa，极限端阻力 q_{pk}＝600kPa。场地地下水埋藏较浅，南部一般为1.80～2.20m，北部一般为2.30～2.40m，地下水类型为潜水，靠近莱州湾，地下水受潮汐的影响较大，地下水对钢筋混凝土结构中的钢筋具有强腐蚀性。根据统计及整理，可得到三山岛金矿副井的简化地层结构图如图7-13所示。

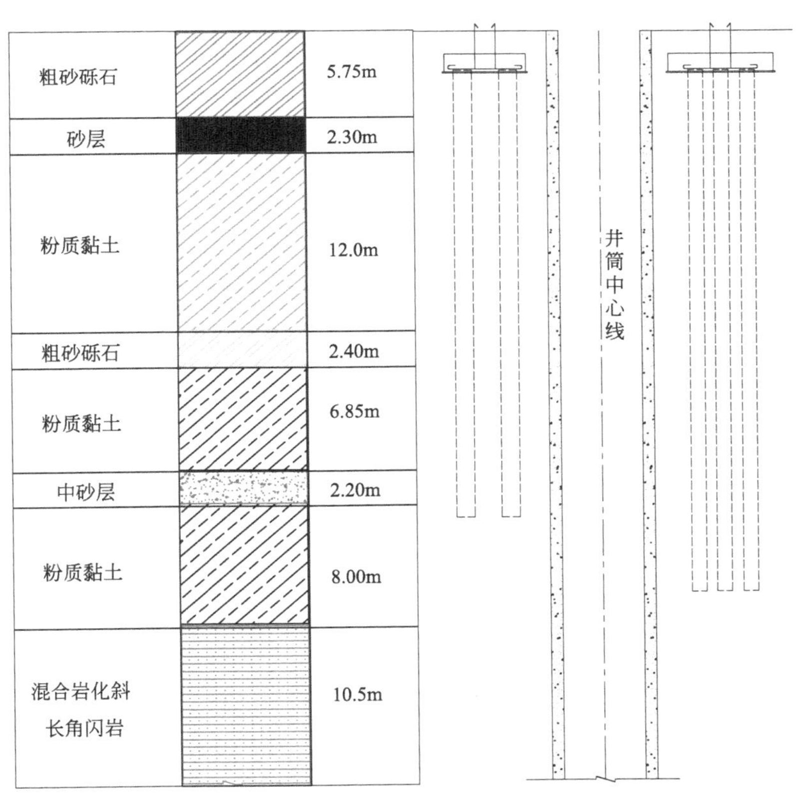

图7-13 三山岛金矿副井主要地层结构图

场地土类型为中软场地土，建筑场地类别为Ⅱ类。根据《中国地震烈度区划图》（1990年）划分，地震基本烈度为6级，场地最大冻结深度为6m。室内试验所得数据如表7-2所示。

表 7-2　土层物理力学参数

土层名称	弹性模量/MPa	泊松比	内摩擦角/(°)	黏聚力/kPa
粗砂砾石	37.91	0.16	28.0	2.00
砂层	25.0	0.25	23.0	4.00
粉质黏土	12.1	0.30	6.7	23.5
粗砂砾石	40.0	0.25	25.0	2.00
粉质黏土	28.0	0.26	7.0	25.0
黏土	30.0	0.25	25.0	3.00
粉质黏土	35.15	0.25	6.0	28.0
混合岩化斜长角闪岩	120.0	0.25	35.0	50.0

通过 $FLAC^{3D}$ 对现有井塔楼分析（图 7-14）认为，在不进行处置的条件下，井塔楼会继续进行不均匀沉降，其沉降趋势亦是西侧沉降量大，东侧沉降量小。原有的桩基础的整体协调性比较差，承台间的连梁会承受更大的力，整体极大可能会发生失稳现象。如图 7-15 所示，井塔楼东北角最终沉降为 231mm，东南角最终沉降为 235mm，西北角最终沉降为 326mm，西南角最终沉降为 346mm。根据井塔楼高度及监测点距离可计算出此时西南角相对于东南角最大沉降差值为 111mm，井塔楼的水平位移距离为 261.53mm，井塔楼倾斜度为 7.93‰，大于建筑物最大倾角度 7‰的标准。因此如不进行加固处理，井塔楼框架结构将有倒塌破坏的风险。

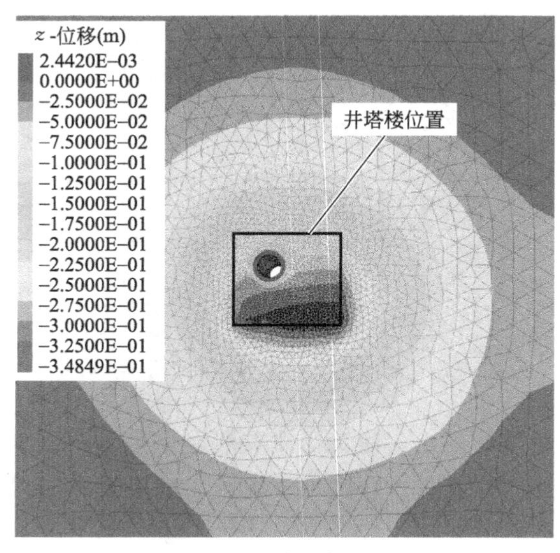

(a) 地表沉降

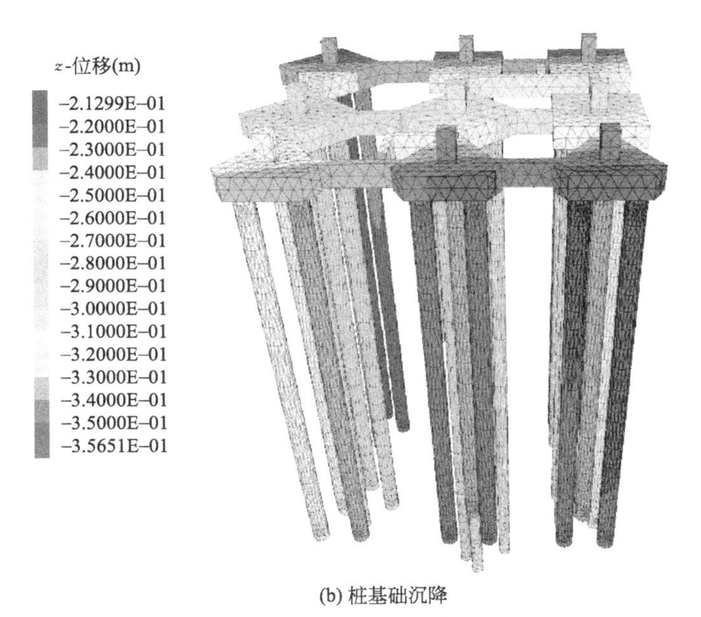

(b) 桩基础沉降

图 7-14 井塔基础最终沉降位移图

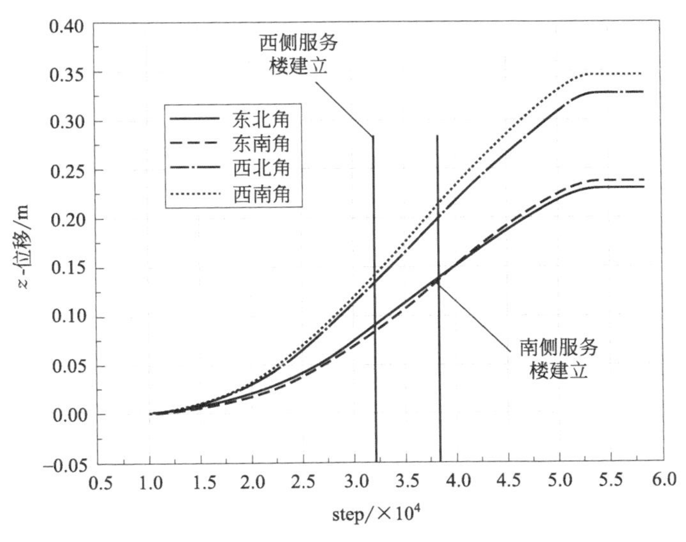

图 7-15 井塔基础最终沉降曲线

7.3.3 施工方案

由于是生产矿山，副井担负着重要的生产任务，不能停产施工，其周边的结构物也无法拆除，极大限制了工程措施的选择；同时由于场地空间限制，无法采用大型施工设备。因此治理思路如下：

① 提高原有灌注桩承载能力。在井塔承台周边施工复合锚固桩，通过调整复合锚固桩布置密度、倾斜角度和注浆工艺，提高灌注桩周边土体摩擦阻力，进而提高原有灌注桩的承载能力。

② 协调框架结构整体变形。在冠梁与承台之间施工复合锚固桩，将原有结构连为一个整体，协同受力、协调变形。

③ 止水帷幕与限制土体侧向挤出变形。通过复合锚固桩以及分段多次高压注浆工艺，将莱州湾海上潮汐水隔离在围桩之外，降低潮汐水带走土的能力，限制土体侧向挤出。

另外，复合锚固桩方案的一个重要优势为基础加固期间，完全不占用副井提运时间，确保了基础加固期间新立矿区的正常生产。井塔基础加固的整体设计方案见图 7-16。

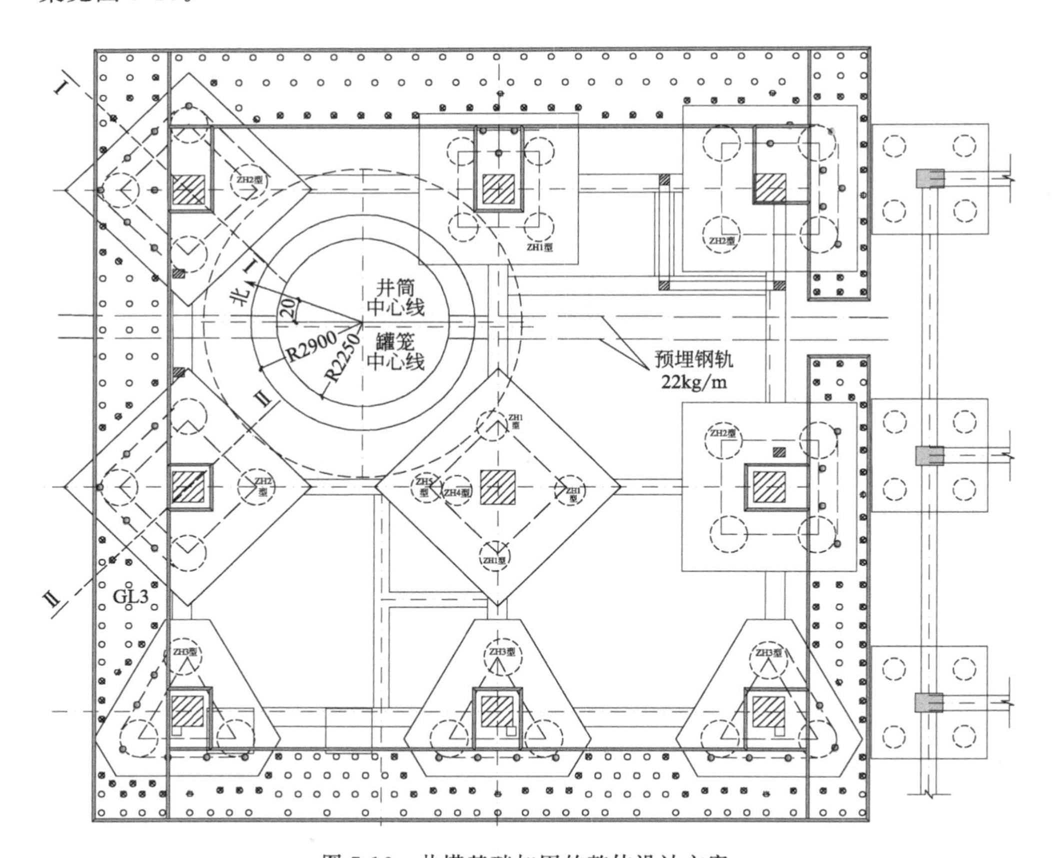

图 7-16　井塔基础加固的整体设计方案

对现有阶段井塔楼处置后的沉降分析可以发现，处置后井塔楼仍会继续进行不均匀沉降，但是其沉降值最大仅为 18.49mm；同时原有桩基础-冠梁板-复合锚固桩发生了协同沉降，其在相同位置的沉降量基本一致，可以认为是整体沉降，稳定性得到保障。

处置后井塔基础沉降曲线见图 7-17。处置后的平均沉降量为 14.52mm，其总体水平位移为 205.81mm，其倾斜率为 6.14‰（<7.0‰），说明处置方案合理有效。

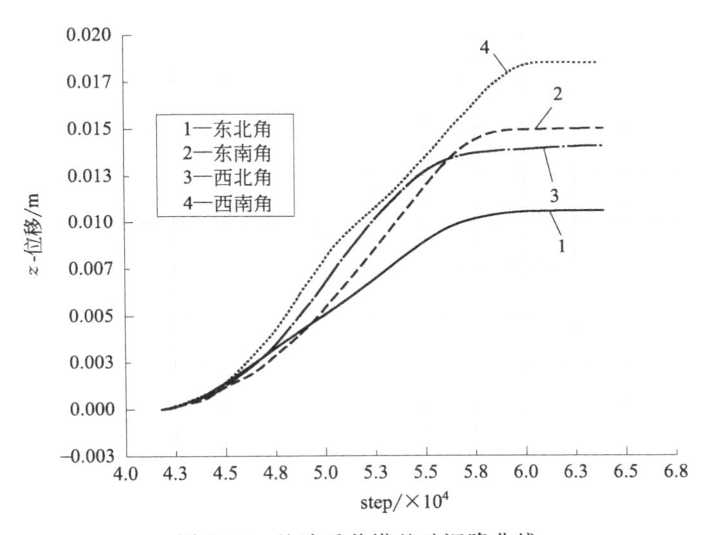

图 7-17 处治后井塔基础沉降曲线

7.4 仁义复活古滑坡治理项目

7.4.1 工程概况

山西祁县至临汾高速公路灵石至霍州段地形、地质条件十分复杂，路线通过煤矿采空区和滑坡群，不良地质现象分布广泛。由于工程施工对整个古滑坡体的人为扰动，造成大范围路段内多处出现严重失稳和大规模坍塌迹象，其中四处滑坡对线路造成不可避免的威胁，如图 7-18 所示，分别为仁义立交路基西南滑坡（Ⅰ# 滑坡）、窑深沟大桥东南滑坡、仁义立交 E 匝道滑坡、仁义立交 A 匝道滑坡，其中仁义立交路基西南滑坡规模最大，属于典型的古滑坡复活问题，滑坡体总量超过 200 万立方米，影响高程范围最大达 80m。

如此规模、复杂的滑坡及古滑坡复活在公路工程中实属罕见，严重影响到线路

主线路基及路堑边坡工程的正常施工和长期稳定，为确保工程施工顺利进行，并消除日后高速公路安全运营的潜在威胁，必须针对滑坡的具体情况进行研究和综合治理。

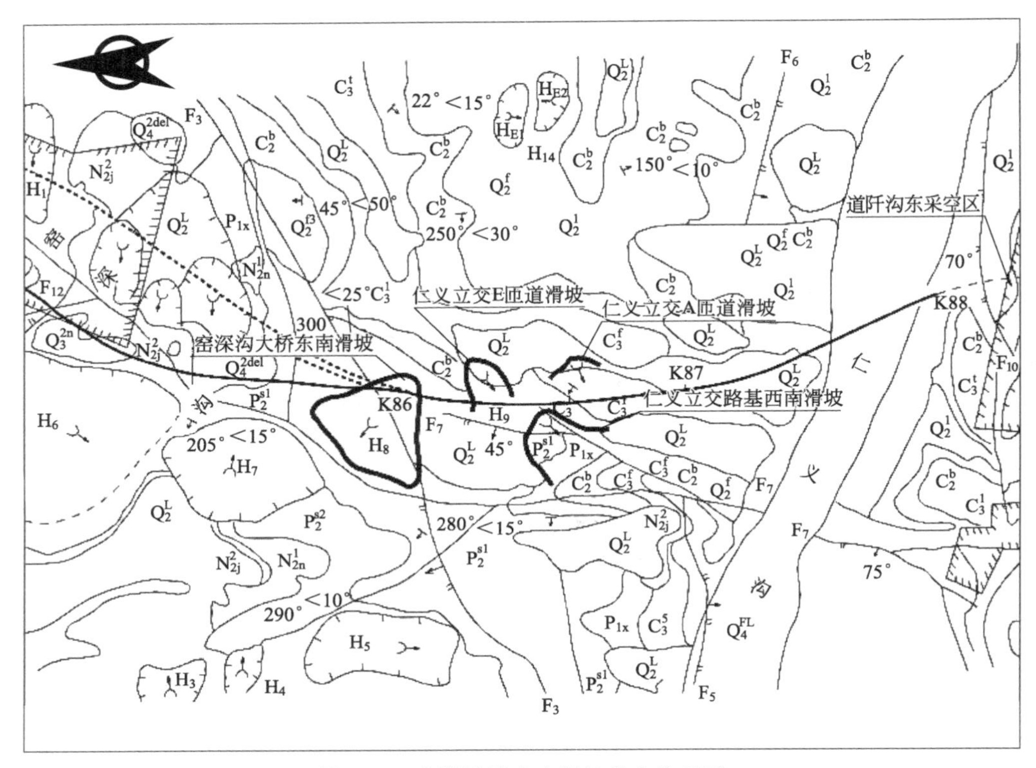

图 7-18　古滑坡及次生滑坡分布位置图

仁义Ⅰ#复活古滑坡（图 7-19）规模巨大，其纵长 325m，横宽 180～260m，滑体平均厚度约 35m，滑坡体积约 200 万立方米，主滑方向 232°。滑坡右侧（北）周界清晰，左侧周界较为模糊；滑体后部形成圈椅状拉胀裂隙，该裂隙与滑体右侧剪胀裂隙贯通，并延伸至前缘剪出口，滑体前部剪出口一带见有鼓胀裂缝，滑体中未见裂隙发育。该滑坡的滑床为二叠系下石盒子组泥岩和砂岩，滑面主要位于泥岩中，呈镜面，滑动擦痕明显，为一特大型深层推移式岩质（强风化裂隙发育）古滑坡。

该滑坡是路基工程施工、在滑体中后部弃方所诱发的工程滑坡。原坡体处于极限平衡状态，施工时弃方于坡体中后部，给坡体加载后使其沿泥岩中的软弱面发生推移式滑动，为一典型的推移式滑坡，剪出口处的滑动距离为 5～20cm。

滑坡整体滑动过程中，由于受基岩产状的控制，滑体右侧的位移速度明显大于左部，使右侧形成贯通性裂缝。随着时间的推移，当地表水沿裂缝灌入滑面

图 7-19 Ⅰ# 古滑坡滑体范围

后，将使滑面的抗剪强度进一步降低，引发滑坡的快速滑动。

7.4.2 施工方案

根据现场勘察和极限平衡计算，初步确定Ⅰ# 滑坡加固工程以复合锚固桩作为主要加固手段，包括：卸载、反压、岩土体改性压力注浆、复合锚固桩。处置工程布置如图 7-20 所示。

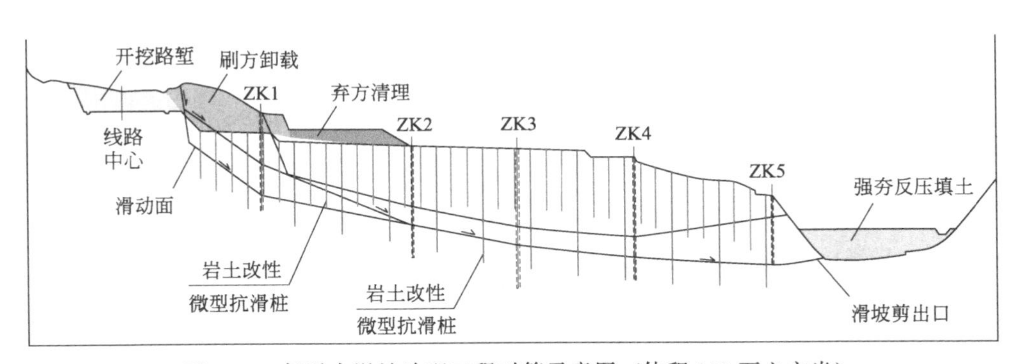

图 7-20 复活古滑坡治理工程对策示意图（体积 200 万立方米）

根据对现场工程地质调查结果的分析，对Ⅰ# 滑坡体稳定性及其处置采用有限差分 FLAC 数值模拟方法进行计算，结果表明：通过卸载、反压及压力注浆和复合锚固桩等复合加固手段的实施，可有效控制古滑体的继续滑动，最大水平位移由未加固状态下的 30～40cm 下降到 5mm 左右，且按该加固方案实施后，不会引起新的坡体失稳问题。

通过以复合锚固桩技术为主要手段的综合工程方案对复活古滑坡处治，表明该技术在一定的工程地质条件下，可以替代大截面的抗滑桩，该技术方案在施工工艺、成本、安全性等方面，与复杂地质条件下施工大截面抗滑桩相比，具有一定的优越性。

7.5 其他工程应用实例

(1) 中山市星宝集团普尔斯马特超市地基加固工程

中山市星宝集团普尔斯马特超市会员店由于勘探失误，超市落成后发生严重的地基不均匀沉降，超市地面出现裂缝，平均沉降高差达到 15cm，最大高差接近 3m，对建筑物的安全造成威胁，无法正常营业。

工程采用复合锚固桩加固，桩间距 3m，在整个营业面积内均匀布设，按照所处地基土体的性质，桩长 14.8～18m，采用分段多次高压注浆，桩顶铺设 200mm 厚的混凝土面层，内配双向 ϕ10@200 钢筋网，钢筋网与桩端露出的杆体焊接。自 2001 年年底加固竣工以来正常使用至今，超市结构保持稳定，地面未出现裂痕等迹象，表明未再发生不均匀沉降，治理措施取得了良好的效果。

(2) 泰安高峪铺立交桥边坡治理工程

104 国道高峪铺公铁立交桥的挡土墙构筑在平均坡度为 20°～25°的土质边坡上，在外部荷载和地表水的长期作用下，边坡出现明显的滑移，其中有两条较大的滑移带平均宽度达 40mm，平均长度达 22m，致使大桥两侧的挡土墙外移达 25mm，对车辆的安全运行构成了比较严重的威胁。

设计采用复合锚固桩作为微型抗滑桩，自上而下设计为 3～6 排，前后排之间呈梅花桩形布置，抗滑桩钻孔的直径 110mm，每个抗滑桩由 3 根直径为 22mm 的螺纹钢作为杆体锚固而成，桩体平均长度为 8.5m。自 2003 年竣工以来，立交桥运行至今，桥侧边坡的滑移被有效制止，未再出现明显的滑移痕迹，说明取得了良好的加固效果，也证明复合锚固桩作为抗滑桩的有效性。

(3) 洛三高速高陡路堑边坡失稳治理工程

洛阳至三门峡高速公路（洛三高速）K97＋900～K98＋500 路段位于河南省三门峡市东南山区，由于岩体风化严重，路堑边坡整体稳定性较差，在一级台阶开挖过程中，该路段边坡发生了规模较大的滑移，对路基安全造成威胁。

工程采用复合锚固桩作为微型抗滑桩，结合中高压注浆和预应力锚固技术确保边坡稳定性。竣工后三年间的监测结果显示，滑体和边坡均处于完全稳定状态。

附录

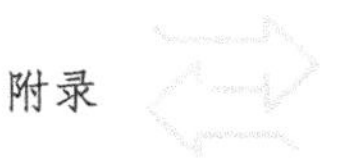

附录 A　基于 Mindlin 解的桩的沉降分析

如附图 1，弹性半无限体内深度 c 处作用集中力 p，离地面深度 z 处的任一点 M 的应力和位移的 Mindlin 解为：

应力解：

$$\sigma_x=\frac{P}{8\pi(1-\nu)}\left\{-\frac{(1-2\nu)(z-c)}{R_1^3}+\frac{3x^2(z-c)}{R_1^5}-\frac{(1-2\nu)[3(z-c)-4\nu(z+c)]}{R_2^3}+\right.$$
$$\frac{3(3-4\nu)x^2(z-c)-6c(z+c)[(1-2\nu)z-2\nu c)]}{R_2^5}+\frac{30cx^2z(z+c)}{R_2^7}+$$
$$\left.\frac{4(1-\nu)(1-2\nu)}{R_2(R_2+z+c)}\left(1-\frac{x^2}{R_2(R_2+z+c)}-\frac{x^2}{R_2^2}\right)\right\} \tag{1}$$

$$\sigma_y=\frac{P}{8\pi(1-\nu)}\left\{-\frac{(1-2\nu)(z-c)}{R_1^3}+\frac{3y^2(z-c)}{R_1^5}-\frac{(1-2\nu)[3(z-c)-4\nu(z+c)]}{R_2^3}+\right.$$
$$\frac{3(3-4\nu)y^2(z-c)-6c(z+c)[(1-2\nu)z-2\nu c)]}{R_2^5}+\frac{30cy^2z(z+c)}{R_2^7}+$$
$$\left.\frac{4(1-\nu)(1-2\nu)}{R_2(R_2+z+c)}\left(1-\frac{y^2}{R_2(R_2+z+c)}-\frac{y^2}{R_2^2}\right)\right\} \tag{2}$$

$$\sigma_z=\frac{P}{8\pi(1-\nu)}\left\{\frac{(1-2\nu)(z-c)}{R_1^3}-\frac{(1-2\nu)(z-c)}{R_2^3}+\frac{3(z-c)^3}{R_1^5}+\right.$$
$$\left.\frac{3(3-4\nu)z(z+c)^2-3c(z+c)(5z-c)}{R_2^5}+\frac{30cz(z+c)^3}{R_2^7}\right\} \tag{3}$$

$$\tau_{yz}=\frac{P_y}{8\pi(1-\nu)}\left\{\frac{1-2\nu}{R_1^3}-\frac{1-2\nu}{R_2^3}+\frac{3(z-c)^2}{R_1^5}+\frac{3(3-4\nu)z(z+c)-3c(3z+c)}{R_2^5}+\right.$$
$$\left.\frac{30cz(z+c)^2}{R_2^7}\right\} \tag{4}$$

$$\tau_{xz}=\frac{P_x}{8\pi(1-\nu)}\left\{\frac{1-2\nu}{R_1^3}-\frac{1-2\nu}{R_2^3}+\frac{3(z-c)^2}{R_1^5}+\frac{3(3-4\nu)z(z+c)-3c(3z+c)}{R_2^5}+\right.$$
$$\left.\frac{30cz(z+c)^2}{R_2^7}\right\} \tag{5}$$

$$\tau_{xy}=\frac{P_{xy}}{8\pi(1-\nu)}\left\{\frac{3(z-c)}{R_1^5}+\frac{3(3-4\nu)(z-c)}{R_2^5}-\frac{4(1-\nu)(1-2\nu)}{R_2^2(R_2+z+c)}\left(\frac{1}{R_2+z+c}+\frac{1}{R_2}\right)+\right.$$

$$\left.\frac{30cz(z+c)}{R_2^7}\right\} \tag{6}$$

竖向位移解：

$$w=\frac{P(1+\nu)}{8\pi E(1-\nu)}\left\{\frac{3-4\nu}{R_1}-\frac{8(1-\nu)^2-(3-4\nu)}{R_2}+\frac{(z-c)^2}{R_1^3}+\right.$$
$$\left.\frac{(3-4\nu)(z+c)^2-2cz}{R_2^3}+\frac{6cz(z+c)^2}{R_2^5}\right\} \tag{7}$$

式中，$R_1=\sqrt{x^2+y^2+(z-c)^2}$，$R_2=\sqrt{x^2+y^2+(z+c)^2}$；$c$ 为集中力作用的深度；ν 为土的泊松比。

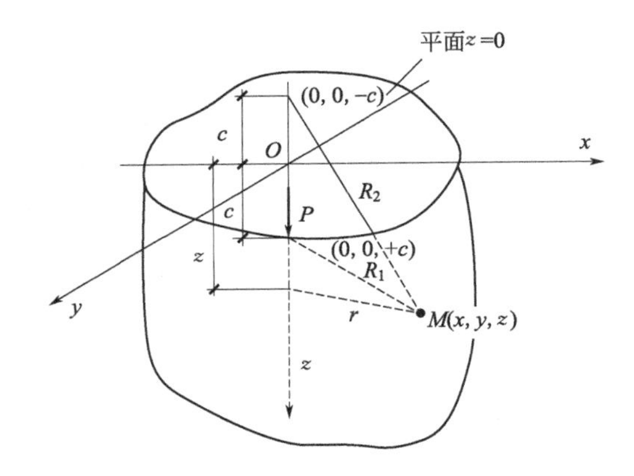

附图 1　竖向集中力 P 在弹性半无限体内所引起的内力

如附图 2，对土体中任一点 i 的竖向位移影响系数 I_{ij} 有：

$$I_{ij}=2\int_{(j-1)\delta}^{j\delta}\int_0^{\frac{\pi}{2}}\rho_i\,\mathrm{d}\theta\,\mathrm{d}c \tag{8}$$

式中，ρ_i 为由于一个垂直集中荷载引起的垂直位移影响系数；δ 为单元体的长度，$\delta=L/n$。

根据 Mindlin 解，ρ_i 可由下式确定：

$$\rho_i=\frac{1+\nu}{8\pi(1-\nu)}\left\{\frac{z_1^2}{R_1^3}+\frac{3-4\nu}{R_1}+\frac{5-12\nu+8\nu^2}{R_2}+\frac{(3-4\nu)z^2-2cz+2c^2}{R_2^3}+\frac{6cz^2(z-c)}{R_2^5}\right\} \tag{9}$$

式中，$z=h+c$，$z_1=h-c$；$R_2^2=\frac{d^2}{4}+x^2-xd\cos\theta+z^2$，$R_1^2=\frac{d^2}{4}+x^2-xd\cos\theta+z_1^2$。

由式(8) 得 c 的积分解为：

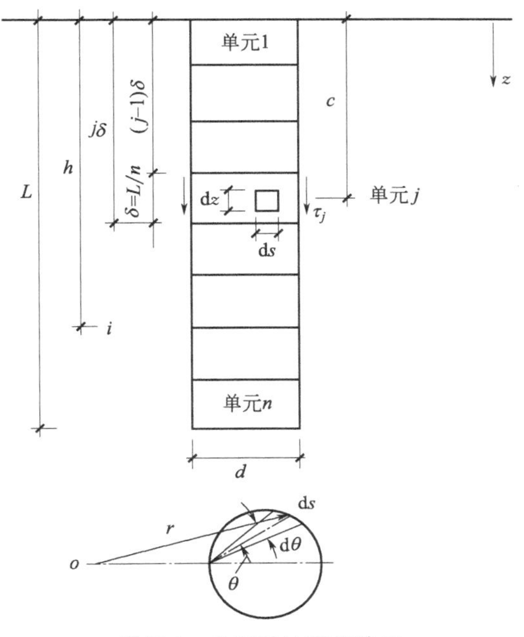

附图 2　典型圆柱形桩单元

$$\int \rho_i \mathrm{d}c = \frac{1+\nu}{8\pi(1-\nu)}\left\{\frac{z_1^2}{D_1}-4(1-\nu)\ln(z_1+D_1)+8(1-2\nu+\nu^2)\ln(z+D)+\frac{2h^2z/r^2-4h-(3-4\nu)z}{D}+\frac{2(hr^2-h^2z^3/r^2)}{D^3}\right\} \tag{10}$$

式中，$D_1=\sqrt{r^2+z_1^2}$，$D=\sqrt{r^2+z^2}$。

式(10) 的积分限是 z_1 从 $h-(j-1)\delta$ 到 $h-j\delta$；z 从 $h+(j-1)\delta$ 到 $h+j\delta$。而对 θ 的积分可以方便地数值求解。

桩端的尺寸见附图 3。

如附图 3 所示，为了考虑桩端扩大，令桩端半径 $r_b=\dfrac{d_b}{2}$（其值大于桩身半径)，则对土体中任意点有下式：

$$I_{ib}=\frac{1}{d}\int_0^{\frac{\pi}{2}}\int_0^{r_b}\rho_i r\,\mathrm{d}r\,\mathrm{d}\theta \tag{11}$$

式中，ρ_i 由式(9) 给出，此时有：

$$c=n\delta=L, z=z_1+2c$$

$$R_2^2=z^2+x^2+r^2-2rx\cos\theta$$

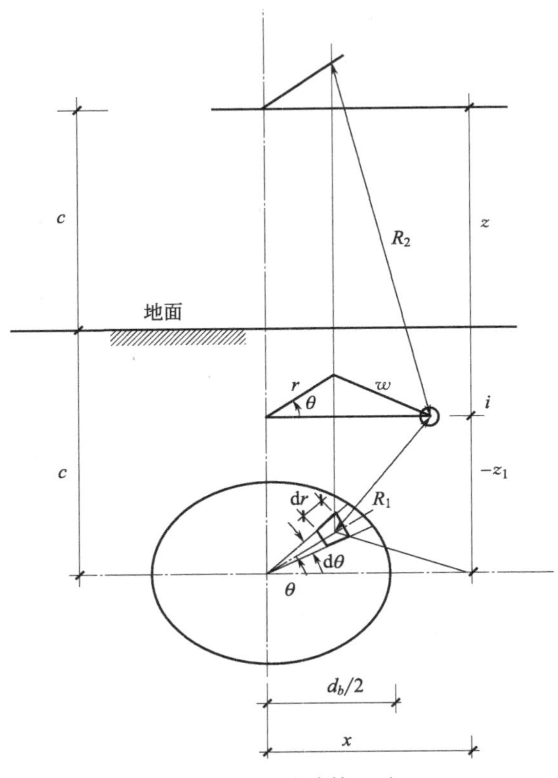

附图 3　桩端计算尺寸

$$R_1^2 = z_1^2 + x^2 + r^2 - 2rx\cos\theta$$

关于 r 的积分解为：

$$\int \rho_i r \mathrm{d}r = \frac{1+\nu}{8\pi(1-\nu)} \Bigg| \frac{z_1^2(rA - R_0^2)}{(R_0^2 - A^2)\sqrt{X_0}} + (3-4\nu)\left[\sqrt{X_0} + A\ln(2\sqrt{X_0} + 2r - 2A)\right] + (5 - 12\nu + 8\nu^2)\left[\sqrt{X_1} + A\ln(2\sqrt{X_1} + 2r - 2A)\right] + \left[(3-4\nu)z^2 - 2cz + 2c^2\right]\frac{Ar - B}{(B - A^2)\sqrt{X_1}} + 6cz^2(z-c)\left\{-\frac{1}{3\sqrt{X_1^3}} + A\left[\frac{r-A}{3(B-A^2)\sqrt{X_1}} \times \left(\frac{1}{X_1} + \frac{2}{B-A^2}\right)\right]\right\} \Bigg| \quad (12)$$

式中，$R_0^2 = z_1^2 + x^2$；$A = x\cos\theta$；$B = R_0^2 + 4c^2 + 4cz_1$；$X_0 = r^2 - 2Ar + R_0^2$；$X_1 = r^2 - 2Ar + B$；$z = z_1 + 2c$。

关于 θ 的积分最容易的方法仍然是用数值法求解。

在求解式(8) 和式(11) 关于 θ 的积分中，$\frac{\pi}{50}$的分格通常是合适的，当计算

$i=j$ 时桩身的位移，为了避免奇异点的出现，最方便的方法是计算每格中点的纵坐标值，然后积分用简单矩形法来求这个二重积分，当 θ 的分格数增加时，该积分收敛于一个定值。$\frac{\pi}{50}$的分格通常是能确保收敛的。

在单元 j 上剪应力引起的桩端中心的垂直沉降影响系数：

$$I_{bj}=\pi\int_{(j-1)\delta}^{j\delta}\rho_i\,\mathrm{d}c \tag{13}$$

式(13) 的解可由式(10) 求得，此时：

$$h=L_p, D_1^2=z_1^2+\frac{d^2}{4}, D^2=z^2+\frac{d^2}{4}$$

桩端引起其自身的垂直位移，通过用$\frac{\pi}{4}$的系数乘以均匀受荷圆桩端中心位移来近似估计桩端刚性的影响是适宜的，这是在半无限体表面上一个刚性圆柱的表面位移与一个相应的均匀受荷圆的中心位移之比值，并可假定近似作用于埋置面积上，则有：

$$I_{bb}=\frac{\pi}{4}\times 2\,\frac{\pi}{d}\int_0^{r_b}\rho_i r\,\mathrm{d}r \tag{14}$$

式中，ρ_i 由式(9) 求得，此时 $c=n\delta=L$；$R_2^2=4c^2+r^2$；$R_1=r$；$z_1=0$。

式(14) 可以方便地得到：

$$I_{bb}=\frac{\pi(1+\nu)}{16d(1-\nu)}\left\{\begin{array}{l}(3-4\nu)\dfrac{d_b}{2}+(5-12\nu+8\nu^2)(R-z)\\+\dfrac{5-8\nu}{2}z^2\left(\dfrac{1}{z}-\dfrac{1}{R}\right)+\dfrac{z}{2}-\dfrac{z^4}{2R^3}\end{array}\right\} \tag{15}$$

式中，$R=\sqrt{z^2+\frac{d_b^2}{4}}$；$z=z_1+2c=2L$。

附录 B　一致剪切矩阵部分源代码

(1) 单元类库

1) 单元虚基类

```
class CElem
{
public:
    CElem();
```

```
    virtual~CElem();
public:
    virtual void ElemInitialize(int ii,double * pXYZ){}  //单元信息输入
    virtual void FormElemP(){}
    virtual void AssembP(CVector & P){}
//单元刚度矩阵的形成
    virtual void FormElemK(CStdioFile & fKElem,CFullMatrix & SK,int nFlag){}
    virtual void AssembK(int ii,CFullMatrix & K){}// 填充整体刚度矩阵
    void SetPara(double CK,int nElem,double PE,double PL,double R0,double
Rb,double SE,double SMiu);
    double  m_CK;        //接触刚度大小
    int     m_nElem;     //单元总数
    int     m_n;         //节点总数
    double  m_PE;        //桩单元数
    double  m_PL;        //桩长
    double  m_R0;        //桩身半径
    double  m_Rb;        //桩底半径
    double  m_SE;        //土体弹性模量
    double  m_SMiu;      //土体泊松比
    double  PI;
};
```

2）桩单元类

```
class CPile:public CElem
{
public:
    CPile();
    virtual~CPile();
    virtual void ElemInitialize(int ii,double * pXYZ);  //单元信息输入
//单元刚度矩阵的形成
    virtual void FormElemK(CStdioFile & fKElem,CFullMatrix & SK,int nFlag);
    virtual void AssembK(int ii,CFullMatrix & K);     // 填充整体刚度矩阵
private:
    double x[2],y[2];          //单元节点坐标
    double m_Area;             //单元面积
```

```
    double m_E;                 //弹性模量
    double m_L;                 //单元长度
    double m_Co;                //刚度矩阵前的系数=m_Area*m_E/m_L
    CFullMatrix KElem;          //单元刚度矩阵
};
```

3）接触单元类

```
class CPile:public CElem
{
public:
    CPile();
    virtual~CPile();
    virtual void ElemInitialize(int ii,double*pXYZ);     //单元信息输入
//单元刚度矩阵的形成 nFlag=0 表示一致剪切刚度矩阵,nFlag=1 表示集中剪切刚度矩阵
virtual void FormElemK(CStdioFile &fKElem,CFullMatrix &SK,int nFlag);
    virtual void AssembK(int ii,CFullMatrix &K);      // 填充整体刚度矩阵
private:
    double x[2],y[2];           //单元节点坐标
    double m_Area;              //单元面积
    double m_E;                 //弹性模量
    double m_L;                 //单元长度
    double m_Co;                //刚度矩阵前的系数=m_Area*m_E/m_L
    CFullMatrix KElem;          //单元刚度矩阵
};
```

4）土单元类

```
class CSoil:public CElem
{
public:
    CSoil();
    virtual~CSoil();
//单元信息输入,此处 ii 表示总结点数 n+1
    virtual void ElemInitialize(int ii,double*pXYZ);
//单元刚度矩阵的形成 nFlag=0 表示单桩,nFlag=1 表示群桩
    virtual void FormElemK(CStdioFile &fKElem,CFullMatrix &SK,int nFlag);
    virtual void AssembK(int ii,CFullMatrix &K);     // 填充整体刚度矩阵,ii 无用
```

```
    double Iij(double z,double r,double c);        //形成 Iij 系数矩阵
    double Ir(double z,double r,double c);         //形成 Iib 系数矩阵
private:
    CVector m_Y;                                   //单元节点坐标
    CVector m_L;                                   //单元长度
    double m_Miu;                                  //泊松比
    double m_E;                                    //弹性模量
    CFullMatrix KElem;                             //单元刚度矩阵
};
```

(2) 数学类库

1）向量类

```
class CVector
{
public:                                            // 构造函数与析构函数
    CVector();                                     // 构造一个空向量
    CVector(int dim);                              // 构造一个长度为 num 的向量
    CVector(const CVector & A);                    // 复制构造函数
    CVector(const CVector * pA);                   // 构造函数
    virtual～CVector();                            // 析构函数
    virtual void Destroy();                        //析构函数
public:                                            // 运算符重载
    double& operator()(int i)const;
    CVector& operator =(const CVector & A);
    BOOL  operator ==(const CVector & A)const;     // 判断矢量是否相等
    CVector operator+(const CVector & A)const;
    CVector operator-(const CVector & A)const;
    CVector operator-()const;                      // 单目运算符
    CVector operator * (const CVector & A)const;   // 叉乘:仅用于 3 维向量
    CVector operator * (const double m)const;
    CVector operator /(const double m)const;

    CVector& operator+=(const CVector & A);
    CVector& operator-=(const CVector & A);
    CVector& operator * =(const CVector & A);      // 叉乘:仅用于 3 维向量
```

```
    CVector& operator *=(const double m);
    CVector& operator /=(const double m);
    virtual void ElementAdd(int i,double m);    // 第 i 个元素加上 m
    virtual void ElementMul(int i,double m);    // 第 i 个元素乘以 m
    virtual void ElementDiv(int i,double m);    // 第 i 个元素除以 m
public:    // 实用函数:设置、获取与实用函数
    void Swap(int i,int j);
    virtual void  SetDimension(int i);          // 设置矢里的维数
    void  SetZero();                            // 矢量置 0
    void  Input(int n,double * A);              // 从数组 A 中输入元素
    int   GetDim() const;                       // 得到向量元素的个数
    double GetLength() const;                   // 得到向量的长度

    BOOL IsIdentity();                          // 是否为单位向量
    BOOL IsPerpendicularTo(const CVector & A);  // 是否与 A 向量正交

    //友元函数
    friend double Dot(const CVector & A,const CVector & B);// 点乘
    friend CVector operator * (const double m,const CVector & A);
    friend double DistanceOf(const CVector & A,const CVector & B);// 向量之
间的距离
    friend double AngleCross(const CVector & A,const CVector & B);// 向量之
间的夹角余弦
    friend double CosAngleCross(const CVector & A,const CVector & B);// 向
量之间的夹角余弦
public:    // 数据成员
    void PrintElement(CStdioFile & fOutput,CString sFormat);
    virtual int  ReadFromFile(CFile & fInput);
    virtual int  WriteToFile(CFile & fOutput);
    void SetElement(int i,double m);
    double * Element;    // 向量的元素
    int nRow;    // 向量元素个数
};
double Dot(const CVector & A,const CVector & B);        // 点乘
CVector operator * (const double m,const CVector & A);
```

```
double DistanceOf(const CVector & A,const CVector & B);      // 向量之间的距离
double AngleCross(const CVector & A,const CVector & B);      // 向量之间的夹角
double CosAngleCross(const CVector & A,const CVector & B); // 向量之间的夹角余弦
```

2）矩阵类

```
class CFullMatrix
{
public:
    CFullMatrix();
    CFullMatrix(int nDimRow,int nDimColumn);        //构造函数
    CFullMatrix(CFullMatrix & A);                   //拷贝构造函数
    virtual～CFullMatrix();
    virtual void Destroy();                         //析构函数
//运算符重载
public:
    double& operator()(int i,int j)const;
    CFullMatrix operator+(const CFullMatrix & A)const;
    CFullMatrix & operator+=(const CFullMatrix & A);
    CFullMatrix operator-(const CFullMatrix & A)const;
    CFullMatrix operator-()const;
    CFullMatrix & operator-=(const CFullMatrix & A);
    CFullMatrix operator*(const double m)const;  //数右乘
    CFullMatrix & operator*=(const double m);
    CFullMatrix operator*(const CFullMatrix & A)const;
    CVector operator*(const CVector & A)const;
    CFullMatrix operator /(const double m)const;
    CFullMatrix& operator /=(const double m);
    BOOL operator ==(const CFullMatrix & A);
    CFullMatrix& operator =(const CFullMatrix & A);
    virtual void WriteToFile(CFile & fOutput);     // 输出矩阵
    virtual void ReadFromFile(CFile & fInput);     // 读入矩阵
//实用函数
public:
    void SetZero();
    CFullMatrix Translate();
```

```
    virtual void ElementAdd(int i,int j,double m);
    virtual void ElementMul(int i,int j,double m);
    virtual void ElementDiv(int i,int j,double m);
    virtual void SetElement(int i,int j,double m);
    virtual void SetDimension(int numrow,int numcolumn);
    virtual void SetAColumn(int CodeColumn,double * VP);
    virtual void SetAColumn(int CodeColumn,const CVector & VP);
    virtual void SetARow(int CodeRow,double * VP);
    virtual void SetARow(int CodeRow,const CVector & VP);
    //全选主元高斯消去法求方阵的解
    //原矩阵不破坏,vp带回解
    int Gaus(CVector & VP);
//友元函数
    friend CFullMatrix operator * (const double m,const CFullMatrix & A);//数左乘
public:
    double * Element;
    int nRow,nColumn;
};
CFullMatrix operator * (const double m,const CFullMatrix & A);
```

(3) 主运行程序类

```
class CFEM
{
public:
    CFEM();
    virtual~CFEM();
    //读入材料信息
    void ReadMatFile(CStdioFile & fMatetial);
    //读入实常数文件
    void ReadRCFile(CStdioFile & fRealConst);
    //读入单元总信息
    void ReadElemFile(CStdioFile & fInput);
    //处理约束
    void ProcessConstrain(CVector & PVector);
    CElem * PointerToElem(int nElemType);  // 根据单元类型建立单元指针
```

```
    void Sol_Ini_Single();                     //单桩接触刚度无穷大
    void Sol_Un_Single();                      //单桩有限接触刚度
    void Sol_Ini_Group();                      //群桩接触刚度无穷大
    void Sol_Un_Group();                       //群桩有限接触刚度
public:
    CElem * pElem;                             //单元类型指针
    double * pXYZ;                             //用于保存各个结点的坐标
    CFullMatrix  m_Ini_K;                      //初始刚度矩阵
    CVector      m_Ini_vP;                     //初始整体荷载
    CFullMatrix  m_FMK;                        //整体刚度矩阵
    CVector      m_vP;                         //整体荷载
    CFullMatrix  m_FMT;                        //转换矩阵
CFullMatrix      m_Pile_D;                     //群桩的桩之间距离矩阵
//体系参数
    double       m_CK;                         //接触刚度大小
    int          m_nElem;                      //单元总数
    int          m_nNode;                      //节点总数
    double       m_PE;                         //桩单元数
    double       m_PL;                         //桩长
    double       m_R0;                         //桩身半径
    double       m_Rb;                         //桩底半径
    double       m_SE;                         //土体弹性模量
    double       m_SMiu;                       //土体泊松比
    BOOL         m_BCIni;
};
```